新商科一流本科专业群建设"十四五"规划教材

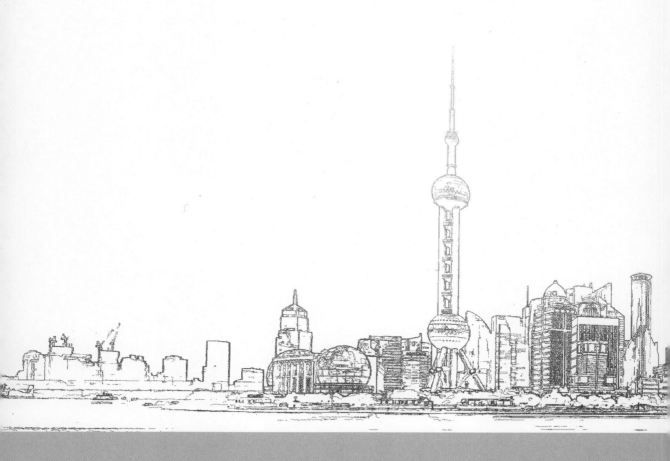

新商科一流本科专业群建设"十四五"规划教材

总主编◎姜 红 熊平安

JIANMING YUNCHOUXUE

简明运筹学

主 编◎易艳红 吴晓伟

内 容 提 要

本书为新商科一流本科专业群建设"十四五"规划教材之一,"运筹学"是上海市教委本科重点课程以及上海商学院一流专业建设点核心课程。全书共分九章,主要内容有线性规划模型、对偶理论、运输问题、整数规划、图与网络分析、计划评审方法、关键路线法、存储论以及决策分析,全部内容都与经济管理有关。全书的编写避免复杂的推导,证明尽量浅显易懂,旨在帮助学生从案例中理解运筹学的模型与方法。

图书在版编目(CIP)数据

简明运筹学/易艳红,吴晓伟主编.—武汉:华中科技大学出版社,2022.5
ISBN 978-7-5680-8239-6

Ⅰ.①简… Ⅱ.①易… ②吴… Ⅲ.①运筹学-高等学校-教材 Ⅳ.①O22

中国版本图书馆 CIP 数据核字(2022)第 069198 号

简明运筹学
Jianming Yunchouxue

易艳红 吴晓伟 主编

策划编辑:王 乾
责任编辑:刘 烨 仇雨亭
封面设计:原色设计
责任校对:李 弋
责任监印:周治超
出版发行:华中科技大学出版社(中国·武汉) 电话:(027)81321913
   武汉市东湖新技术开发区华工科技园 邮编:430223
录 排:华中科技大学惠友文印中心
印 刷:武汉市籍缘印刷厂
开 本:787mm×1092mm 1/16
印 张:12.5 插页:2
字 数:335 千字
版 次:2022 年 5 月第 1 版第 1 次印刷
定 价:59.80 元

教育部推进"四新"（新工科、新医科、新农科、新文科）建设，特别是在《教育部办公厅关于启动部分领域教学资源建设工作的通知》中提到，2020年起，将分年度在部分重点领域建设优质教学资源库，优化教育教学条件、推进教学方法改革、加强教师队伍建设，探索"四新"理念下教学资源建设新路径和人才培养新模式。在国家推动加快形成以国内大循环为主体、国内国际双循环相互促进的新发展格局的背景下，新商科建设作为新文科建设的重要组成部分，是培养新财经人才的重大改革探索和实践，对新时代人类命运共同体的发展和全球经济的发展具有重大意义。同时，新时代背景下中国的发展及其在世界舞台上的地位，以及上海打造世界著名旅游城市和"世界级会客厅"、打响上海的"四大品牌"（上海服务、上海制造、上海购物、上海文化）、发展在线新经济，都将使培养具有专业知识、信息技术、职业素养、国际视野和家国情怀的新商科卓越人才成为重中之重。而新商科教材是新商科建设和培养新商科人才的关键环节。

2017年，教育部、财政部、国家发展改革委印发了《统筹推进世界一流大学和一流学科建设实施办法（暂行）》，2018年印发了《关于高等学校加快"双一流"建设的指导意见》；2018年，上海市教育委员会发布了《上海高等学校创新人才培养机制 推进一流本科建设试点方案》，进一步推动上海高等学校创新人才培养机制，建设一流本科，培养一流人才，形成上海高等教育"一流大学、一流学科、一流专业"的整体战略布局。为了更好地响应文件精神，面向未来新商科发展需求，聚焦上海服务，构建新商科一流本科专业群，培养服务于国家战略、具有中国特色的新商科人才，积极落实一流本科专业群系列教材建设，整合商科教育资源，为我国商业经济的发展提供强有力的人才保证和智力支持，让商科教育发展进入更加系统、全方位发展阶段，出版高品质和高水准的"新商科一流本科专业群建设'十四五'规划教材"成为商科教育发展的迫切需要。

基于此，教育部高等学校相关专业教学指导委员会委员及上海商学院部分专家学者，与华中科技大学出版社共同发起聚焦"新商科一流本科专业群建设"，依托上海商学院一流本科专业群平台课和核心主干课建设方案，计划出版平台课及核心主干课系列教材。本套教材着重于更新和优化新商科的课程内容，反映新技术、新业态、数字化背景下新的商业实践以及最新的理论成果；致力于提升新商科人才的培养规格和育人质量，并纳入新商科一流本科专业群建设综合改革项目配套规划教材的编写和出版，以更好地适应教育部新一轮学科专业目录调整后新商科高等教育发展和学科专业建设的需要。该套教材由姜红、熊平安担任总主编，策划"新商科一流本科专业群建设'十四五'规划教材"出版书目，并推荐遴选经验丰富、有影响力的专家担任每个方向的编写者，参与审定大纲、样张，总体把控书稿的编写进度，确保编写质量，全面完成上海商学院新商科一流本科专业群教材体系建设。

本套教材从选题策划到成稿出版,从编写团队到出版团队,从内容组建到内容更新,均展现出极大的创新和突破。选题方面,主要编写服务于国家战略和城市建设的新商科特色课程教材,包括《商业布局规划》《商业大数据分析》《现代服务管理》《酒店客户管理》《旅游研究方法》等,融合高科技和现代服务的新时代特色,突出商业发展实践中的新规律、新模式以及商科研究中的新思想、新方法。编写内容方面,结合时代背景,不断更新相关理论知识,以知识链接和知识活页等板块为读者提供全新的阅读体验。在此基础上,以多元化兼具趣味性的形式引导学生学习,同时辅以形式多样、内容丰富且极具特色的图片和视频案例,为配套数字出版提供内容上的支撑。此外,编写团队成员均是新商科方向的专业学者,出版团队亦为华中科技大学出版社专门建立的精英团队。

　　在新商科教育改革发展的新形势、新背景下,相关本科教材需要匹配商科本科教育以及经济发展的需求。因此,编写一系列高质量的"新商科一流本科专业群建设'十四五'规划教材"是一项重大工程,更是一项重要责任,需要商科的专业学者、企业领袖和出版社的共同支持与合作。在本系列教材的组织策划及编写出版过程中,得到了诸多专家学者和业内精英的大力支持,在此一并感谢!希望本系列教材能够为学界、业界和各位对商科知识充满渴望的学子们带来真正的养分,为新商科一流本科专业群建设添砖加瓦,为推进更高起点的深化改革和更高层次的对外开放的课程和教材建设,培养符合长江三角洲区域一体化国家战略发展需要、具有中国特色和国际视野的新商科人才,不断地尝试和探索。

丛书编委会

2020 年 12 月

Preface 前 言

运筹学是一门研究系统最优化问题的应用学科,它通过求解为经济问题所建立的数学模型,为管理人员的科学决策提供依据。运筹学是经济管理类专业的基础课,学好运筹学能为后续的专业学习打好基础,同时培养了学生运用一定的模型及优化方法解决问题的技能。

本书从应用型经管人才的需求出发,系统地介绍了线性规划、对偶理论、运输问题、整数规划、图与网络分析、网络计划评审方法、关键路线法、存储论及决策分析等基础理论和方法。内容上力求深入浅出地论证各种理论与方法,同时通过大量的例子展示各类模型的应用,努力做到针对实际问题建立模型并加以分析,培养学生解决实际问题的能力。本书在编写过程中努力做到以下几点:

(1)重视运筹学基本理论、基本概念和基本方法的学习和训练,基础理论尽量采用通俗易懂的方法与语言论述与证明,较复杂的模型计算通过设置案例使讲解更容易理解与掌握。

(2)针对与经济管理有关的实际问题建立运筹学模型并进行分析计算,培养学生解决经济管理中各种问题的能力。

(3)详细介绍了 Excel 软件的规划求解工具,使学生更容易在实际问题中求解运筹学的模型。

本书是 2019 年上海市教委本科重点课程"运筹学"建设成果,课程建设的宗旨是建设适合应用型本科院校的课程资源(包括教材),提高课程教学质量。本书在内容选择和编排上没有选择全部的运筹学内容,而是只选择与经济管理密切相关的内容,因此本书适合应用型本科院校经济管理相关专业使用。

本书主要由易艳红、吴晓伟等长期从事运筹学教学、研究工作的老师承担编写工作;毛玉洁、杨娅可、梁景茜、王紫文、王梅、李诗雨等同学参与了搜集资料、案例,绘制插图等工作,编者在此对他们的辛勤劳动表示感谢。

由于编者水平有限,不足和错误在所难免,请读者谅解并提出宝贵意见。

编 者
2022 年 3 月

Contents

目 录

简 明 运筹学

第一章 →

绪论

学习导引

运筹学是一门综合性学科,它运用数学和其他学科的理论与方法来优化问题,为自然科学、社会科学、工程技术生产实践以及现代经济管理提供决策支持。随着科学技术的不断进步,运筹学得到迅速的发展和广泛的应用。我们该如何学好运筹学呢?

学习重点

通过本章学习,重点掌握以下知识要点:
1. 运筹学的发展历史;
2. 运筹学的特点;
3. 运筹学的研究步骤;
4. 运筹学的研究内容;
5. 学习运筹学的建议。

运筹学主要研究系统最优化的问题,通过对建立的模型求解,为决策者进行决策提供科学依据。

第一节 运筹学的定义与发展

运筹学(operational research,OR)是运用数学模型、统计方法和代数理论等数量研究方法与技术为决策提供支持的一门新兴学科。为了更好地研究和应用,人们希望对运筹学给出一个确切的定义,以便更加深入地明确它的性质和特点。但是,由于该学科复杂的应用科学特征,至今还没有统一且确切的定义。目前,学者们利用以下几个比较有影响的定义来说明运筹学的性质和特点。

(1)运筹学为决策机构在对其控制下的业务活动进行管理决策时,提供数量化分析的科学方法。

这个定义首先强调的是科学方法,要求相关研究方法能够用于一类问题,并能够控制和推进有组织的活动,而不是只被简单地应用。另一方面,它强调以量化为基础,必然要用到数学理论及其成果。任何决策都包含定量和定性两个方面,而定性方面又不能简单地用数学表示,如政治、社会等因素,只有综合各种因素之后的决策才是全面的。在这里,运筹学工作者的职责是为决策者提供可以量化的分析,明确那些定性的因素。

(2)运筹学是一门应用科学,它广泛运用现有的科学技术知识和数学方法,解决实践中提出的专门问题,为决策者选择最优决策提供量化依据。

这个定义表明运筹学具有多学科交叉的特点,例如综合运用数学、经济学、心理学、物理学、化学等的一些方法。运筹学强调最优决策,但是这个"最优"过分理想了,在实际生活中很难实现。

(3)运筹学是一种给出问题坏的答案的艺术,否则问题的结果会更坏。

这个定义表明运筹学强调最优决策过分理想,在现实中很难实现,于是用次优、满意等概念来代替最优。

我国《辞海》(第七版)中也指出,运筹学是主要研究经济、管理与军事活动中能用数量来表达的有关运行、筹划与决策等方面的问题的一门学科。它根据问题的要求,通过数学的分析与运算,作出综合性的、合理的安排,以便较经济、较有效地使用人力物力。

运筹学的起源可以追溯到很久以前,在我国古代文献中记载的齐王和田忌赛马、丁谓主持皇宫的修复等事例都包含了运筹学的思想。齐王和田忌赛马的事让我们看到,本来如果双方依次出上、中、下三个等级的马各一匹,则齐王可获胜;但田忌采取以下马对齐王的上马,以上马对齐王的中马,以中马对齐王的下马的策略,结果田忌反以二比一获胜。丁谓修皇宫则是指北宋时皇宫因火焚毁,丁谓运筹安排恰当,节省了大量的人力与物力。他让人在宫前大街取土烧砖,挖成大沟后灌水成渠,利用水渠运来各种建筑材料,工程完毕后再以废砖乱瓦等填沟修复大街,巧妙解决了废墟清运、获取新土和运输建材三个问题。在国外也有很多这方面研究成果的记载,如1736年欧拉(Euler)解决了著名的哥尼斯堡七桥问题,1909年丹麦工程师爱尔郎(Erlang)为解决自动电话交换系统的排队与系统拥挤现象提出了有关排队论的理论与方法。但是这些都没有形成系统的科学方法,只是停留在自发和零星运用于个别具体问题阶段。

运筹学作为一门学科诞生于20世纪30年代末期,通常认为运筹学的活动是第二次世界大战早期从军事部门开始的。1935年,英国科学家发明了军用雷达,随即在英国东海岸建立了一个秘密雷达站。当时德国已拥有一支强大的空军,起飞17分钟即可达到英国本土,如何在如此短的时间内预警和拦截德国飞机成为一大难题。1939年英国成立了一个11人小组研究如何将雷达信息以最快的速度传送给指挥系统和武器系统,以及雷达与武器的最佳配置是怎样的。他们对探测、信息传递、作战指挥、战斗机与武器的协调都做了系统的研究并获得了成功。因此这个小组在作战中发挥了卓越的作用,受到英国政府的重视。这就是最早活跃在军队中的运筹学小组。美国参战后也在其军队中成立了运筹学小组,优化战略与战术方面的战争局势,为取得反法西斯战争的胜利作出了很大贡献。

战后,运筹学的实践活动扩展到工业和政府部门,它的发展大致可分为以下几个时期:

(1)1945年到20世纪50年代初,被称为初创时期。该时期从事运筹学研究的人数不多,范围较小。一些战时从事运筹学研究的人在1948年成立了"运筹学俱乐部",积极将战时的运筹学成果应用于民用部门,并在煤炭、电力等部门的推广应用中取得了一定的成就。1948年和1950年美国麻省理工学院和英国伯明翰大学先后开设运筹学课程;第一本运筹学杂志《运筹学季刊》1950年在英国创刊;第一个运筹学学会"美国运筹学会"在1952年成立,同年出版《运筹学学报》。

（2）20 世纪 50 年代,被称为运筹学的成长时期。该时期电子计算机技术的迅速发展,使得运筹学的一些方法能够借助于计算机来解决管理系统中的优化问题,从而促进了运筹学的推广应用。在 50 年代末,美国大约有半数的大公司在自己的经营管理中应用运筹学,很多国家成立了运筹学会,1957 年第一次国际运筹学会议在英国牛津大学召开,1959 年国际运筹学会成立。

（3）20 世纪 60 年代及以后,被称为运筹学迅速发展和开始普及的时期。该时期运筹学出现了很多分支,相关专业学术团体迅速增多,创办了更多期刊,运筹学书籍大量出版,更多学校将运筹学课程纳入教学计划之中。第三代电子计算机的出现,促使运筹学得以被用来研究一些大的复杂的系统,如城市交通、环境污染等。

20 世纪 50 年代中期,钱学森等中国学者在国内全面推广运筹学,1957 年首先在建筑业和纺织业中运用运筹学;1958 年开始在农业、工业,以及交通运输、水利建设、邮电等领域陆续推广应用。近年来,运筹学已趋向于研究和解决规模更大、更复杂的问题,在企业管理、工程设计、资源配置、物资存储、交通运输、公共服务、财政金融、航天技术等社会各个领域都有应用成果。1980 年 4 月"中国数学会运筹学会"在山东济南正式成立了,1984 年在上海召开了"中国数学会运筹学会第二届全国代表大会暨学术交流会",1992 年运筹学会从中国数学会中独立出来,成立"中国运筹学会"。我国各高等院校,特别是各经济管理类专业已普遍把运筹学作为一门主干专业课程列入教学计划之中。

第二节　运筹学研究的主要步骤

运筹学的基本特征是:系统的整体观念、多学科的综合、模型方法的应用。它善于从不同学科的研究方法中寻找解决复杂问题的新方法与新途径,其研究方法是各种学科研究方法的集成,如数学方法、统计方法、逻辑方法和模拟方法等,而数学方法（即构造数学模型的方法）是运筹学中最重要的方法。也就是说,在使用运筹学解决实际问题的过程中,核心步骤是建立数学模型。运筹学研究问题的整个工作程序有以下四步。

1. 分析和表述问题

对任何决策问题进行定量分析之前,首先必须认真地进行定性分析。一是要确定决策目标,明确主要决策是什么,对所取决策的有效性进行度量,以及在对方案比较时对这些度量做出权衡;二是要辨认哪些是影响决策的关键因素,在选取这些关键因素时存在哪些资源或环境的限制。分析时往往先提出一个初步的目标,通过对系统中各种因素和相互关系的研究,使目标进一步明确。此外还需要同有关人员特别是决策的关键人员深入讨论,明确有关决策的过去与未来,问题的边界、环境等。通过对问题的深入分析,明确主要目标、主要变量、主要参数以及它们的变化范围;弄清它们之间的相互关系;在此基础上列出表述问题的基本要素。同时还要结合解决所提出问题的困难程度、可能花费的时间与成本、成功的可能性,从经济、技术和操作的可行性等方面进行针对性分析,最终做到问题清楚、目的明确。

2. 构建模型

运筹学的一个显著特点就是通过模型来描述和分析所提出问题范围内的系统状态。运筹学在解决问题时,按研究对象不同可构造各种不同的模型,这是运筹学研究的关键步骤。由于构造的数学模型代表着所研究实际问题中最本质、最关键和最重要的基本状态,是对现实情况的一种抽象,不可能准确无误地反映实际问题,因此在建立模型时,往往要根据一些理论假设

或设立一些前提条件对模型进行必要的抽象与简化。

运筹学模型一般有三种基本形式：形象模型，模拟模型，符号或数学模型。目前用得最多的是符号或数学模型。构建模型的方法与思路有以下五种。

1）直接分析法

决策者通过对问题内在机理的认识直接构造出模型。运筹学中已有不少现成的模型，如线性规划模型、投入产出模型、排队模型、存储模型、决策和对策模型等。这些模型都有很好的求解方法及求解的软件。

2）类比法

有些问题可以用不同方法构造出模型，而这些模型的结构性质是类同的，这就可以互相类比。如物理学中的机械系统、气体动力学系统、水力学系统、热力学系统以及电路系统之间就有不少彼此类同的现象。甚至有些经济、社会系统也可以用物理系统来类比。在分析某些经济、社会问题时，不同国家之间有时也可以找出某些类比的现象。

3）数据分析法

有些问题的机理尚未能全部了解清楚，若能收集到与此问题密切相关的大量数据，或通过某次实验获得大量数据，就可以用统计分析法建模了。

4）试验分析法

当有些问题的机理不清，又不能做大量试验来获得数据时，就只能通过局部试验的数据加上分析来构造模型。

5）构想法

当有些问题的机理不清，又不能做实验来获得数据时（例如一些社会、经济、军事问题），人们只能在已有的知识、经验和某些特定研究的基础上，对将来可能发生的情况给出逻辑上合理的设想和描述，然后用已有的方法构造模型，并不断修正完善，直到满意为止。

在建立模型前，必须收集和掌握与问题有关的数据信息资料，对其进行科学的分析和加工，以获得建模所需要的各种参数。模型的构建是一门基于经验的艺术，既要有理论作指导，又要靠实践积累建模的经验，切忌把运筹学模型硬套某些问题。建模时不能把与问题有关的因素都考虑进去，只能抓住主要因素，而暂时不考虑次要因素，否则模型将会过于复杂而不便计算。同时，模型的建立不是一个一次性的过程，一个好的模型往往要经过多次修改才可能符合实际情况。构建运筹学模型要尽可能简单完整地描述所研究的问题。

3. 求解与检验

建模后要对模型进行求解计算，其结果是解决问题的一个初步方案。该方案是否成功，还须到实际环境中检验。如果不能被研究者或决策者接受，就要重新考虑模型的结构和逻辑关系的合理性，并对模型进行修改。为了检验得到的解是否正确，常采用回溯的方法，即将历史的资料输入模型，研究得到的解与历史实际的符合程度以判断模型的正确性。当发现有较大的误差时，要将实际问题同模型重新对比，检查实际问题中的重要因素在模型中是否已考虑，模型中各公式的前后表达是否一致。只有经过反复修改验证的模型，才能最终给管理决策者提供一项既有科学依据，又符合实际的可行方案。由于模型和实际存在差异，由模型求解出来的最优解有可能不是真实系统问题的最优解，而只是一个局部最优解。因此运筹学模型的求解只能给管理决策者提供一个决策参考。

4. 结果分析与实施

借助模型和软件求出的结果，只能作为决策的参考，不应不假思索就接受这个结果。求解不是运筹学研究的终结，还必须对结果进行分析，以决定是否接受或做进一步研究。也就是说,从数学模型中求出的解不是问题的最终答案,而仅仅是为实际问题的系统处理提供的可以作为决策基础的信息。对结果进行分析,要让管理人员和建模人员共同参与,要让他们共同了解求解的方法步骤,对结果赋予经济含义,并获取求解过程中的多种宝贵的经济信息,使双方对结果取得共识。让管理人员参与全过程,以有利于他们掌握分析的方法和理论,便于以后完成日常分析工作,保证结果分析的真正实施。

结果的实施,关系到被研究系统总体效益能否有较理想的提高,这也是运筹学研究的最终目的。因此在实施过程中,不仅要加强系统内部的科学管理,保证按支持结果的管理理论和方法进行,而且应要求管理人员密切关注系统外部的市场需求、价格波动、资源供给和系统内部的变化情况,以便及时调整系统的目标、模型的参数等。从某种意义上说,将分析结果成功地予以实施,是运筹学研究最重要的一步。

运筹学的研究过程如图 1-1 所示,所有步骤往往需要反复交叉进行,运筹学模型的建立与应用既是一门科学也是一门艺术,只有通过不断的演练和逐步求精,才能得到解决实际问题的圆满答案。

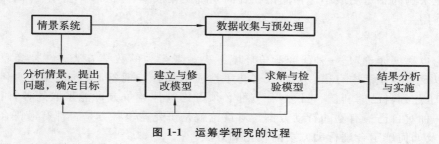

图 1-1 运筹学研究的过程

5

第三节 运筹学研究的主要内容

基于实际筹划活动的不同类型,运筹学逐步划分出描述各种活动的不同类型,从而发展了各种理论,形成了不同的运筹学分支。从目前的发展情况来看,运筹学主要有以下几个分支。

1. 规划论

规划论是运筹学的一个主要分支,它包括线性规划、非线性规划、整数规划、目标规划和动态规划等。它是在满足给定约束条件下,按一个或多个目标寻找最优方案的数学理论与方法。它的适用领域十分广泛,在农业、工业、商业、交通运输业,以及军事领域、经济计划方面和管理决策中都可以发挥作用。

2. 图论与网络分析

图论与网络分析是从构成"图"的基本要素出发,研究有向图或无向图在结构上的基本特征,并对由"图论"要素组成的网络进行优化计算。图是研究离散事物之间关系的一种分析模型,它具有形象化的特点。因此比只用数学模型更容易为人们所理解。由于求解网络模型已有成熟的特殊解法,其应用领域在不断扩大,尤其在解决交通网、管道网、通讯网等的优化问题上具有优势。最小部分树、最短路、最大流、最小费用、中国邮递员问题、网络规划等都是网络分析的重要组成部分,而且应用也很广泛。

3. 排队论

排队论是一种用来研究公共服务系统工作过程和运行效率的数学理论和方法。在这种系

统中服务对象的到达过程和服务过程一般都是随机的,是一种随机聚散过程。它通过对随机服务对象的统计研究,找出反映这些随机现象平均特性的规律,提高服务系统的工作能力和工作效率。

4. 决策论

决策论是运筹学最新发展的一个分支,是为了科学地解决带有不确定性和风险性的决策问题而发展的一套系统分析方法,其目的是提高科学决策水平,减少决策失误的风险,目前广泛应用于经营管理工作的中高层决策中。具体的,它根据系统的状态信息、可能选取的策略以及采取这些策略对系统状态所产生的后果进行研究,以便按照某种衡量准则选择一组最优策略。

5. 存储论

存储论又叫库存管理理论,用于研究经济生产中保障系统有效运转的物资储备量、进货量、进货时间点等问题,例如系统需要在什么时间、以多少数量来补充这些储备,才能使得保持库存和补充采购的总费用最小。存储论在提高系统工作效率、降低库存费用、降低产品成本方面有重要作用。

6. 对策论

对策论也称博弈论,是一种研究竞争环境下决策者行为的数学方法。在社会政治、经济、军事活动以及日常生活中有很多竞争或者斗争性质的场合与现象,竞争时各方的利益是相互矛盾的,为了达到自己的利益和目标,各方都必须考虑其他竞争方可能采取的各种行动方案,然后选取一种对自己最有利的行动方案。对策论就是研究竞争各方是否都有最符合理性的行动方案,以及如何确定合理行动方案的理论和方法。

7. 随机运筹模型

随机运筹模型是 20 世纪 50 年代发展起来的运筹学的一个重要分支。它研究由随机事件推进的随机现象,主要方法分为数值和非数值模型两大类,也称为概率分析方法。目前随机过程理论已被广泛运用到统计物理、放射性问题、天体物理、生物遗传、信息论、自动控制以及经济分析中。

第四节　运筹学的学习特点

运筹学是一门基础性的应用学科,主要研究系统最优化的问题,通过对建立的模型求解,可以为管理人员做决策提供科学依据。本课程是经济管理类专业的必修基础课。学习本课程可以为学习有关专业课打好基础,进而为学生毕业后在管理工作中运用模型技术、数量分析及优化方法打下良好的基础。本课程的主要任务是:

(1) 要求学生掌握运筹学的基本概念、基本原理、基本方法和解题技巧。

(2) 培养学生根据实际问题建立运筹学模型的能力及求解模型的能力。

(3) 培养学生分析解题结果及经济评价的能力。

(4) 培养学生理论联系实际的能力及自学能力。

学习运筹学要把重点放在分析、理解有关的概念、思路上。在学习过程中,应该多向自己提问,如一个方法的实质是什么、为什么这样做、怎么做等。在认真听课的基础上,学习或复习时要把握以下三个重要环节:

(1) 认真阅读教材和参考资料,以指定教材为主,同时参考其他有关书籍。一般每一本运筹学教材都有自己的特点,但是基本原理、概念都是一致的。注意主从,参考资料会帮助读者开阔思路,使学习深入,但是把时间过多地放在参考资料上,会导致思路分散,不利于学好。

(2)要在理解了基本概念和理论的基础上研究例题。例题是帮助读者理解概念、理论的。作业练习的主要作用也是这样,它同时还有让读者检查自己学习效果的作用。因此,做题要有信心,要独立完成。因为整个课程是一个整体,各部分内容都有内在联系,只要学到一定程度,将知识融会贯通起来,甚至题做得是否正确自己都能判断。

(3)要学会做学习小结。每一节或一章学完之后,必须学会用精练的语言来概括该部分所学内容。这样才能够从较高的角度来看问题,更深刻地理解知识和内容,把相关知识从更深入、广泛的角度进行领会与使用。

 本章小结

(1)运筹学主要研究经济活动与军事活动中能用数量来表达的有关运用、筹划与管理方面的问题。它经历了初建、成长、普及时期,现已用于各行各业的优化建模中。

(2)运筹学的主要研究步骤有分析问题、构建模型、求解与检验以及结果分析与实施。

(3)运筹学的研究内容主要有规划论、图论与网络分析、排队论、决策论、存储论、对策论以及随机运筹模型等。

(4)运筹学的学习特点是要理解相关的概念、思路,多研究例题,独立完成各章作业。

7

 思考与练习

1. 什么是运筹学,它包含哪些含义?
2. 运筹学经历了哪些发展阶段?
3. 运筹学是如何研究问题的?
4. 运筹学的主要研究内容有哪些?
5. 运筹学有哪些学习特点?

 案例分析

都江堰的"运筹"智慧

都江堰位于四川省成都市都江堰市城西,坐落在成都平原西部的岷江上,始建于秦昭王末年(约公元前256年—前251年),是蜀郡太守李冰父子在前人鳖灵开凿的基础上组织修建的大型水利工程,由分水鱼嘴、飞沙堰、宝瓶口等部分组成,两千多年来一直发挥着防洪灌溉的作用,使成都平原成为水旱从人、沃野千里的"天府之国",至今灌区已覆盖30余县市、面积近万平方千米,是全世界迄今为止,年代最久、唯一留存、仍在一直使用、以无坝引水为特征的宏大水利工程,凝聚着中国古代劳动人民勤劳、勇敢、智慧的结晶。都江堰示意图如图1-2所示。

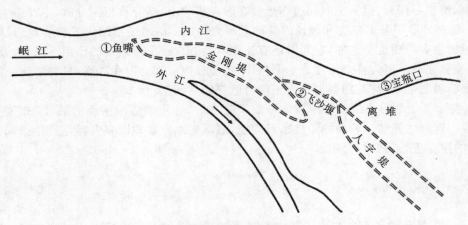

图 1-2 都江堰示意图

1. 宝瓶口的修建过程

首先,李冰父子邀集了许多有治水经验的农民,对地形和水情作了实地勘察,决心凿穿玉垒山引水。由于当时还未发明火药,李冰便以火烧石,使岩石爆裂,终于在玉垒山凿出了一个宽20米,高40米,长80米的山口。因其形状酷似瓶口,故取名"宝瓶口",把开凿玉垒山分离的石堆叫"离堆"。

之所以要修宝瓶口,是因为只有打通玉垒山,使岷江水能够畅通流向东边,才可以减少西边的江水的流量,使西边的江水不再泛滥,同时也能解除东边地区的干旱,使滔滔江水流入旱区,灌溉那里的良田。这是治水患的关键环节,也是都江堰工程的第一步。

2. 分水鱼嘴的修建过程

宝瓶口引水工程完成后,虽然起到了分流和灌溉的作用,但因江东地势较高,江水难以流入宝瓶口。为了使岷江水能够顺利东流且保持一定的流量,充分发挥宝瓶口的分洪和灌溉作用,修建者李冰在开凿完宝瓶口以后,又决定在岷江中修筑分水堰,将江水分为两支:一支顺江而下,另一支被迫流入宝瓶口。由于分水堰前端的形状好像一条鱼的头部,所以被称为"鱼嘴"。

鱼嘴的建成将上游奔流的江水一分为二:西边称为外江,它沿岷江河岸顺流而下;东边称为内江,它流入宝瓶口。由于内江窄而深,外江宽而浅,这样枯水季节水位较低,则60%的江水流入河床低的内江,保证了成都平原的生产生活用水;而当洪水来临,由于水位较高,于是大部分江水从江面较宽的外江排走,这种自动分配内外江水量的设计就是所谓的"四六分水"。

3. 飞沙堰的修建过程

为了进一步控制流入宝瓶口的水量,加大分洪和减灾的作用,防止灌溉区的水量忽大忽小、不能保持稳定的情况,李冰又在鱼嘴分水堤的尾部,靠着宝瓶口的地方,修建了分洪用的平水槽和"飞沙堰"溢洪道,以保证内江无灾害。溢洪道前修有弯道,江水形成环流,江水超过堰顶时洪水中夹带的泥石便流入外江,这样便不会淤塞内江和宝瓶口水道,故取名"飞沙堰"。

飞沙堰采用竹笼装卵石的办法堆筑,堰顶做到比较合适的高度,起一种调节水量的作用。当内江水位过高的时候,洪水就经由平水槽漫过飞沙堰流入外江,使得进入宝瓶口的水量不致太大,保障内江灌溉区免遭水灾;同时,漫过飞沙堰流入外江的水流产生了漩涡,由于离心作用,泥沙甚至是巨石都会被抛过飞沙堰,因此还可以有效地减少泥沙在宝瓶口周围的沉积。

根据都江堰的设计,回答以下问题:

(1)都江堰的"宝瓶口"、"飞沙堰"以及"鱼嘴"各有何作用?

(2)都江堰的"宝瓶口"、"飞沙堰"以及"鱼嘴"古人是如何运筹的?

第二章

线性规划以及单纯形法

学习导引

　　线性规划的理论与方法广泛用于工业、农业、商业、交通运输业,以及国防和经济管理等领域,成为现代科学管理与决策中不可或缺的重要手段和有效方法,也是运筹学中最基本的方法之一。本章介绍了线性规划模型以及如何建立线性规划模型;分析了线性规划模型解的定义、范围以及性质;详细地阐述了求解线性规划的单纯形法以及它的矩阵描述、Excel 求解过程等。

学习重点

通过本章学习,重点掌握以下知识要点:

1. 线性规划模型的三要素;
2. 线性规划模型的标准形式;
3. 线性规划解的性质;
4. 单纯形法的迭代原理;
5. 单纯形法的计算步骤。

　　线性规划(linear programming,LP)是在第二次世界大战期间从军事应用中发展起来的,是 20 世纪中叶最重要的科学进步之一。线性规划是运筹学的重要分支,自从 1947 年美国学者 G. B. Dantzig 提出单纯形法以来,大量的研究成果相继问世,使其理论和方法更加成熟,而计算机运算处理能力的提高,更令其应用领域不断拓展。

　　线性规划的研究对象是资源的最优分配问题,即研究如何将有限的资源分配于相互竞争的活动中,以达到最大的效益;或在给定任务中,如何统筹安排,使资源耗费最低。由于许多问题本质上是线性的,所以线性规划可以解决诸如生产计划、配料问题、运输问题、投资问题、劳动力安排和工业污染等许多方面的应用问题。

第一节　一般线性规划问题的数学模型

一、典型问题举例

例 1　现有某机械厂每天生产Ⅰ、Ⅱ两种产品,这两种产品需要在 A、B、C 三种不同设备上加工。按工艺资料规定,生产每种产品需要的设备工时以及利润如表 2-1 所示,问该企业应如何安排生产,才能使每天的利润最大?

表 2-1　生产产品需要的设备工时以及利润

设备	产品Ⅰ	产品Ⅱ	设备能力
A	3 小时	3 小时	18 小时
B	3 小时	0 小时	15 小时
C	0 小时	4 小时	16 小时
利润/百万元	3	2	

显然,该问题是在资源受到限制的情形下,寻求利润最大化的决策问题,其决策方案是决定产品甲和产品乙各自的产量多少为最佳。应分三步来建立该问题的数学模型。

1. 设定决策变量

把产品Ⅰ、Ⅱ每天的生产量设为 x_1,x_2 ,在运筹学中经常把 $x = (x_1,x_2,\cdots,x_n)$ 称为决策变量。

2. 建立约束条件

在本例中每天生产要受到生产条件等资源的约束以及产量非负的约束。

设备 A 的约束:$3x_1 + 3x_2 \leqslant 18$ 。

设备 B 的约束:$3x_1 \leqslant 15$ 。

设备 C 的约束:$4x_2 \leqslant 16$ 。

产品Ⅰ、Ⅱ的产量不能为负值:$x_1 \geqslant 0,x_2 \geqslant 0$ 。

3. 建立目标函数

该工厂的目标是在不超过资源限量的条件下,确定产品Ⅰ、Ⅱ的产量 x_1、x_2 ,使得每天的利润最大。因此利润函数为

$$\max z = 2x_1 + 3x_2$$

综上所述,该生产安排问题可以抽象为以下数学模型:

$$\max z = 3x_1 + 2x_2$$

$$\text{s.t.} \begin{cases} 3x_1 + 3x_2 \leqslant 18 \\ 3x_1 \leqslant 15 \\ 4x_2 \leqslant 16 \\ x_1,x_2 \geqslant 0 \end{cases}$$

其中 s.t. 是 subject to(受约束于)的缩写。

实际上这是求一个线性函数在一组线性约束条件下的最大值问题,称之为线性规划问题。该模型中需要的三要素为决策变量、目标函数以及约束条件。从以上过程也可以归纳出根据

实际问题建立线性规划模型的步骤为：

(1) 根据实际问题的要求确定决策目标和收集相关数据；

(2) 明确要做出的决策，引入决策变量；

(3) 确定对这些决策的约束条件和目标函数。

例 2 根据生物营养学理论，要维持人体正常的生理健康需求，一个成年人每天需要从食物中获取 3000 kcal 热量，55 g 蛋白质和 800 mg 钙。假定市场上可供选择的食品有猪肉、鸡蛋、大米和白菜，这些食品每千克所含热量和营养成分以及市场价格如表 2-2 所示。问如何选购才能在满足营养的前提下使购买食品的总费用最小？

表 2-2 食品所含的营养及其价格

类别	猪肉	鸡蛋	大米	白菜
热量/kcal	1000	800	900	200
蛋白质/g	50	60	20	10
钙/mg	400	200	300	500
采购成本/(元/kg)	20	8	4	2

为建立该问题的模型，假设 $x_j(j=1,2,3,4)$ 分别为猪肉、鸡蛋、大米和白菜每天的需要量，则可以建立如下线性规划模型：

$$\min z = 20x_1 + 8x_2 + 4x_3 + 2x_4$$

$$\text{s. t.} \begin{cases} 1000x_1 + 800x_2 + 900x_3 + 200x_4 \geqslant 3000 \\ 50x_1 + 60x_2 + 20x_3 + 10x_4 \geqslant 55 \\ 400x_1 + 200x_2 + 300x_3 + 500x_4 \geqslant 800 \\ x_j \geqslant 0, j = 1,2,3,4 \end{cases}$$

二、线性规划问题的数学模型

根据本章第一节的例子分析可以看出，线性规划的一般形式为

$$\max(\text{或 } \min)z = c_1x_1 + c_2x_2 + \cdots + c_nx_n$$

$$\text{s. t.} \begin{cases} a_{11}x_1 + a_{12}x_2 + \cdots + a_{1n}x_n \leqslant (\text{或} =, \geqslant)b_1 \\ a_{21}x_1 + a_{22}x_2 + \cdots + a_{2n}x_n \leqslant (\text{或} =, \geqslant)b_2 \\ \cdots\cdots \\ a_{m1}x_1 + a_{m2}x_2 + \cdots + a_{mn}x_n \leqslant (\text{或} =, \geqslant)b_m \\ x_j \geqslant 0, j = 1,2,\cdots,n \end{cases} \quad (2.1)$$

式(2.1)的简写形式为

$$\max(\text{或 } \min)z = \sum_{j=1}^{n} c_j x_j$$

$$\text{s. t.} \begin{cases} \sum_{j=1}^{n} a_{ij}x_j \leqslant (\text{或} =, \geqslant)b_i(i=1,2,\cdots,m) \\ x_j \geqslant 0(j=1,2,\cdots,n) \end{cases} \quad (2.2)$$

式中，c_j 是目标函数系数称为价值系数，b_i 是约束条件右端项，表明资源的拥有量，a_{ij} 是约束条件的系数，称为工艺系数或者技术系数，表示生产单位产品 j 时第 i 种资源的消耗量。

用向量形式表达时，式(2.2)可写为

$$\max(或 \min)z = \boldsymbol{CX}$$

$$\text{s. t.}\begin{cases}\sum_{j=1}^{n}\boldsymbol{P}_j x_j \leqslant (或 =,\geqslant)\boldsymbol{b}\\ \boldsymbol{X}\geqslant 0\end{cases}\tag{2.3}$$

式中,

$$\boldsymbol{C}=(c_1,c_2,\cdots,c_n),\boldsymbol{X}=\begin{bmatrix}x_1\\x_2\\\vdots\\x_n\end{bmatrix},\boldsymbol{P}_j=\begin{bmatrix}a_{1j}\\a_{2j}\\\vdots\\a_{mj}\end{bmatrix},\boldsymbol{b}=\begin{bmatrix}b_1\\b_2\\\vdots\\b_n\end{bmatrix}$$

用矩阵形式来表示可写为

$$\max(或 \min)z = \boldsymbol{CX}$$

$$\text{s. t.}\begin{cases}\boldsymbol{AX}\leqslant(或 =,\geqslant)\boldsymbol{b}\\ \boldsymbol{X}\geqslant 0\end{cases}\tag{2.4}$$

式中,$\boldsymbol{A}=\begin{bmatrix}a_{11}&a_{12}&\cdots&a_{1n}\\a_{21}&a_{22}&\cdots&a_{2n}\\\vdots&\vdots&&\vdots\\a_{m1}&a_{m2}&\cdots&a_{mn}\end{bmatrix}$,称为约束方程组决策变量的系数矩阵。

三、线性规划问题的标准形式

由于目标函数和约束条件内容与形式上的差别,线性规划问题可以表达的形式多种多样。为了便于讨论,规定线性规划问题的标准形式如式(2.5)所示。

$$\max z = c_1 x_1 + c_2 x_2 + \cdots + c_n x_n$$

$$\text{s. t.}\begin{cases}a_{11}x_1+a_{12}x_2+\cdots+a_{1n}x_n=b_1\\a_{21}x_1+a_{22}x_2+\cdots+a_{2n}x_n=b_2\\\cdots\cdots\\a_{m1}x_1+a_{m2}x_2+\cdots+a_{mn}x_n=b_m\\x_j\geqslant 0,j=1,2,\cdots,n\end{cases}\tag{2.5}$$

在此标准形式中,目标函数为最大值,约束条件为全等式,约束条件右端常数项为非负值,决策变量的取值为非负,对不符合形式的线性规划问题可分别通过以下方法化为标准形式。

(1)目标函数为极小值,即 $\min z=\sum_{j=1}^{n}c_j x_j$,求 $\min z$ 等价于求 $\max(-z)$,令 $z'=-z$,即可把目标函数化为最大值:$\max z'=-\sum_{j=1}^{n}c_j x_j$。

(2)约束条件为不等式。这里有两种情况:一种是约束方程为"≤"不等式,则可在"≤"不等式的左端加入非负松弛变量 x_j,把原"≤"不等式变为等式;另一种是约束方程为"≥"不等式,则可在"≥"不等式的左端减去非负剩余变量 x_j,把原"≥"不等式变为等式。

(3)$b_m \leqslant 0$,则两边乘负号。

(4)取值无约束的变量。这时可令 $x_j=x_j'-x_j''$,其中 $x_j'\geqslant 0,x_j''\geqslant 0$。

(5)变量 $x_j\leqslant 0$。可令 $x_j'=-x_j$,显然 $x_j'\geqslant 0$。

例 3 将下述线性规划模型转化为标准形式

$$\min z = -x_1 + 2x_2 - 3x_3$$

$$\mathrm{s.t.} \begin{cases} x_1 + x_2 + x_3 \leqslant 7 \\ x_1 - x_2 + x_3 \geqslant 2 \\ -3x_1 + x_2 + 2x_3 = -5 \\ x_1 \geqslant 0, x_2 \leqslant 0, x_3 \text{ 无约束} \end{cases}$$

按上述规则进行如下步骤转换：

（1）$x_2' = -x_2$；

（2）令 $x_3' \geqslant 0, x_3'' \geqslant 0$ 且 $x_3 = x_3' - x_3''$；

（3）令 $z' = -z$，则求 $\min z = \max(z')$；

（4）在第一个约束条件 $\leqslant$ 号的左端加入松弛变量；

（5）在第二个约束条件的 $\geqslant$ 号的左端减去剩余变量；

（6）在第三个约束条件的两边乘负号。

即可得该问题的标准形式为：

$$\max z' = x_1 + 2x_2' + 3(x_3' - x_3'')$$

$$\mathrm{s.t.} \begin{cases} x_1 - x_2' + (x_3' - x_3'') + x_4 = 7 \\ x_1 + x_2' + (x_3' - x_3'') - x_5 = 2 \\ 3x_1 + x_2' - 2(x_3' - x_3'') = 5 \\ x_1, x_2', x_3', x_3'', x_4, x_5 \geqslant 0 \end{cases}$$

14

第二节 图解法

为了便于理解线性规划问题解的概念以及解的情况，首先介绍图解法。这种方法虽然只能解决线性规划问题中只有两个决策变量的情况，但是可以通过它了解线性规划解的情况。图解法的步骤是：建立直角坐标系，在图上画出约束条件；确定满足约束条件的解的范围；绘制出目标函数；确定最优值。运用本章例1来介绍作图法，例1的数学模型为：

$$\max z = 3x_1 + 2x_2$$

$$\mathrm{s.t.} \begin{cases} 3x_1 + 3x_2 \leqslant 18 \\ 3x_1 \leqslant 15 \\ 4x_2 \leqslant 16 \\ x_1, x_2 \geqslant 0 \end{cases}$$

首先画出约束条件，确定约束条件所围成的区域（称为可行域）。建立 x_1、x_2 直角坐标轴，x_1 为横轴，x_2 为纵轴。两个变量都是非负的，因此可行域只能在第一象限及其边界上。对于约束条件 $3x_1 + 3x_2 \leqslant 18$，先画出 $3x_1 + 3x_2 = 18$ 这条直线，这条直线把第一象限分为两个部分，如图 2-1 所示，包含原点的左下角三角形部分区域满足约束条件，可以利用原点 $O(0,0)$ 来验证是否满足约束条件。满足第二个约束条件的 $3x_1 \leqslant 15$ 的所有点位于 $x_1 = 5$ 的左半平面，同理第三约束条件 $4x_2 \leqslant 16$ 的所有点在 $x_2 = 4$ 的下半平面，所有满足这些约束条件的点落在如图 2-1 所示的阴影部分及其边界上。

目标函数 $z = 3x_1 + 2x_2$ 中，z 是待定的值。将其改写为 $x_2 = \dfrac{z}{2} - \dfrac{3}{2}x_1$，这是一组斜率为

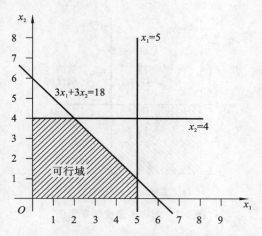

图 2-1　例 1 约束条件所围成的区域(可行域)

$-\dfrac{3}{2}$ 的平行线,随着 z 增大,该直线向右上方平移如图 2-2 所示,当 z 为零时,该直线是通过原点的。最优解必须满足约束条件,并使目标函数 z 值达到最大。当我们在可行域中向上移动这条平行线时,z 值不断增大,一直移动到目标函数的直线与约束条件所围成的可行域的顶点时为止,这时的相交点 $(5,1)$ 即为最优值点。

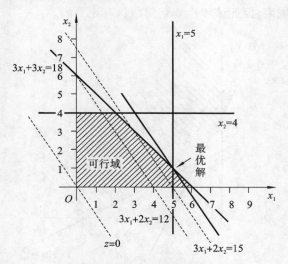

图 2-2　目标函数取得最优值图示

由此可以看出,线性规划问题的最优解出现在可行域的一个顶点上,此时线性规划问题有唯一最优解,但有时线性规划问题还可能出现有无穷多最优解、无界解以及无可行解等情况。下面通过举例子进行说明。

(1)无穷多最优解,如将本例中的目标函数变为 $\max z = 3x_1 + 3x_2$,则目标函数的图形恰好与约束条件 $3x_1 + 3x_2 = 18$ 平行,当目标函数直线向上移动时,达到这条边界 $3x_1 + 3x_2 = 18$ 直线时 z 值最大,如图 2-3 所示。这时边界线段 BC 上的点都是最优值点,具有无穷多最优值点。

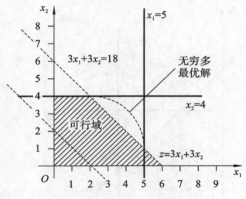

图 2-3 无穷多最优值点示例

（2）无界解，考虑下列线性规划问题。

$$\max z = x_1 + x_2$$

$$s.t. \begin{cases} 2x_1 + x_2 \geqslant 3 \\ x_1 + 2x_2 \geqslant 4 \\ x_1, x_2 \geqslant 0 \end{cases}$$

在坐标系中画出可行域，如图 2-4 阴影部分所示，该可行域是无界的，当目标函数直线向上移动时，总是在可行域内，因此该线性规划问题具有无界解。

16

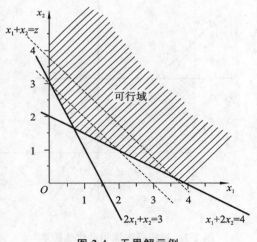

图 2-4 无界解示例

（3）无可行解，考虑下列线性规划问题。

$$\max z = 2x_1 + 3x_2$$

$$s.t. \begin{cases} 2x_1 + 2x_2 \leqslant 12 \\ x_1 + 2x_2 \geqslant 14 \\ x_1, x_2 \geqslant 0 \end{cases}$$

该问题的约束条件所围成的可行域如图 2-5 所示，该约束条件没有可行域，因此问题无可行解。其原因可能是模型本身错误，约束条件之间相互矛盾。

从以上图解法我们可以得到线性规划问题的解的情况：

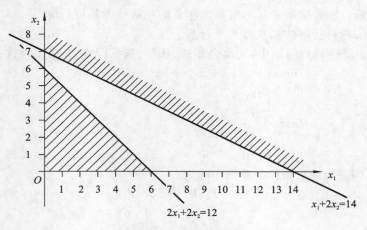

图 2-5　无可行解示例

（1）求解线性规划问题时，可能会存在唯一最优解、无穷多最优解、无界解以及无可行解四种结果。

（2）若线性规划问题的最优解存在，则最优解或最优解之一（如果有无穷多最优解的话）一定能够在可行域的某个顶点找到。

第三节　线性规划的解的定义及性质

一、线性规划解的定义

设有以下线性规划问题：

$$\max z = \boldsymbol{C}\boldsymbol{X} \tag{2.6a}$$

$$\boldsymbol{A}\boldsymbol{X} = \boldsymbol{b} \tag{2.6b}$$

$$\boldsymbol{X} \geqslant 0 \tag{2.6c}$$

则此线性规划问题的可行解、最优解、基、基解、基可行解和可行基的定义如下。

（1）可行解。满足约束条件（2.6b）的 $\boldsymbol{X}$ 称为线性规划问题的解，满足约束条件（2.6b）、（2.6c）的解，称为线性规划问题可行解，全部的可行解的集合称为可行域。

（2）最优解。使目标函数（2.6a）达到最大值的可行解称为最优解。

（3）基。设 $\boldsymbol{A}$ 为约束条件（2.6b）的 $m \times n$ 阶系数矩阵（ $n > m$ ），其中 $\boldsymbol{A}$ 的秩为 m，$\boldsymbol{B}$ 是矩阵 $\boldsymbol{A}$ 中一个非奇异的 m 阶子矩阵，则 $\boldsymbol{B}$ 是线性规划问题的一个基。不妨设

$$\boldsymbol{B} = \begin{bmatrix} a_{11} & \cdots & a_{1m} \\ \vdots & & \vdots \\ a_{m1} & \cdots & a_{mn} \end{bmatrix} = (\boldsymbol{P}_1, \boldsymbol{P}_2, \cdots, \boldsymbol{P}_m)$$

$\boldsymbol{B}$ 中的每一个列向量 $\boldsymbol{P}_j (j = 1, 2, \cdots, m)$ 称为基向量，与基向量 $\boldsymbol{P}_j$ 相对应的变量 x_j 称为基变量。线性规划中除基变量以外的其他决策变量称为非基变量。

（4）基解。在约束方程组中，令所有的非基变量 $x_{m+1} = x_{m+2} = \cdots = x_n = 0$，代入到约束方程中，得到 m 个方程，可以求解出 m 个基变量的唯一解 $\boldsymbol{X}_B = (x_1, x_2, \cdots, x_m)$，加上非基变量取 0 的分量有 $\boldsymbol{X} = (x_1, x_2, \cdots, x_m, 0, \cdots, 0)$，$\boldsymbol{X}$ 为线性规划问题的基解。

（5）基可行解。所有决策变量的值都为非负的基解称为基可行解。

（6）可行基。基可行解的基被称为可行基。

例 4 在下述线性规划问题中，列出全部基、基解、基可行解，并指出最优解。

$$\max z = 3x_1 + 2x_2 + 0x_3 + 0x_4 + 0x_5$$

$$\text{s.t.} \begin{cases} 3x_1 + 3x_2 + x_3 = 18 \\ 3x_1 + x_4 = 15 \\ 4x_2 + x_5 = 16 \\ x_1, x_2 \geqslant 0 \end{cases}$$

该线性规划问题的约束条件的系数矩阵为

$$\boldsymbol{A} = \begin{matrix} \boldsymbol{P}_1 \ \boldsymbol{P}_2 \ \boldsymbol{P}_3 \ \boldsymbol{P}_4 \ \boldsymbol{P}_5 \\ \begin{bmatrix} 3 & 3 & 1 & 0 & 0 \\ 3 & 0 & 0 & 1 & 0 \\ 0 & 4 & 0 & 0 & 1 \end{bmatrix} \end{matrix}$$

该矩阵的秩为 3，只要找出 3 个列向量组成的子矩阵满秩，这 3 个向量就是该线性规划问题的一个基，如 $(\boldsymbol{P}_3, \boldsymbol{P}_4, \boldsymbol{P}_5) = \begin{bmatrix} 1 & 0 & 0 \\ 0 & 1 & 0 \\ 0 & 0 & 1 \end{bmatrix}$ 是一个 3×3 的满秩阵，故 $(\boldsymbol{P}_3, \boldsymbol{P}_4, \boldsymbol{P}_5)$ 是一个基，$\boldsymbol{P}_3$、$\boldsymbol{P}_4$、$\boldsymbol{P}_5$ 是对应的基向量，x_3、x_4、x_5 是基变量，x_1、x_2 是非基变量。令 $x_1 = 0, x_2 = 0$，代入标准化的约束条件中可得 $x_3 = 18, x_4 = 15, x_5 = 16$，则 $\boldsymbol{X} = (0, 0, 18, 15, 16)$ 是一个基解。因在该基解中所有的决策变量都是非负的，故该基解是基可行解，对应的 $(\boldsymbol{P}_3, \boldsymbol{P}_4, \boldsymbol{P}_5)$ 是一个可行基。该线性规划有 8 个基，全部的基解、基可行解如表 2-3 所示。

表 2-3 线性规划的基解以及基可行解

基	基解					是否基可行解	目标函数值
	x_1	x_2	x_3	x_4	x_5		
$\boldsymbol{P}_1 \ \boldsymbol{P}_2 \ \boldsymbol{P}_3$	5	4	-11	0	0	否	23
$\boldsymbol{P}_1 \ \boldsymbol{P}_2 \ \boldsymbol{P}_4$	2	4	0	9	0	是	14
$\boldsymbol{P}_1 \ \boldsymbol{P}_2 \ \boldsymbol{P}_5$	5	1	0	0	12	是	17（最优解）
$\boldsymbol{P}_1 \ \boldsymbol{P}_3 \ \boldsymbol{P}_5$	5	0	3	0	16	是	15
$\boldsymbol{P}_1 \ \boldsymbol{P}_4 \ \boldsymbol{P}_5$	6	0	0	-3	16	否	18
$\boldsymbol{P}_2 \ \boldsymbol{P}_3 \ \boldsymbol{P}_4$	0	4	6	15	0	是	8
$\boldsymbol{P}_2 \ \boldsymbol{P}_4 \ \boldsymbol{P}_5$	0	6	0	15	-8	否	12
$\boldsymbol{P}_3 \ \boldsymbol{P}_4 \ \boldsymbol{P}_5$	0	0	18	15	16	是	0

二、线性规划解的性质

根据线性规划的作图法以及解的定义可以看出，线性规划的最优解一定是在可行域的边界上的，如果有最优解，一定可以在某个顶点（基可行解）取得最优值。我们也可以用定理来证明。

1. 线性规划问题的相关概念

（1）凸集。如果某个集合 A 中任意两个点 X_1、X_2，其连线上的所有点也都是属于集合 A 的点，则称该集合 A 为凸集。用数学式表示为

$$\alpha X_1 + (1-\alpha)X_2 \in A$$

其中 $0 < \alpha < 1, X_1 \in A, X_2 \in A$。对应某些给定的几何图形,可以从直观上判断其凹凸性,如在图 2-6 中的都为凸集,而在图 2-7 中的都不是凸集。

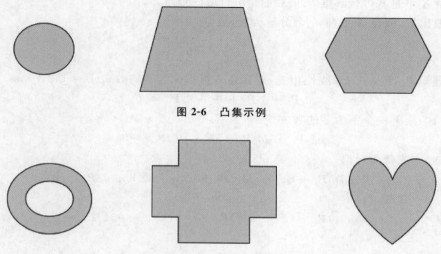

图 2-6 凸集示例

图 2-7 非凸集的示例

(2) 顶点(极点)。如果凸集 A 中有不同的点 X_1、X_2,对于某点 $X \in A$ 不能被 $X_1 \in A$,$X_2 \in A$ 的线性组合 $\alpha X_1 + (1-\alpha)X_2 \in A(0 < \alpha < 1)$ 表示,则称 X 为集合 A 的一个顶点或极点。

2. 线性规划解的定理

定理 1 若线性规划问题存在可行解,则可行域是凸集。

证:若满足线性规划约束条件 $\sum_{j=1}^{n} P_j x_j = b$ 的所有解组成的几何图形 A 是凸集,根据凸集定义,A 内任意两点 X_1、X_2 连线上的点也必然存在 A 内。

设 $X_1 = (x_{11}, x_{12}, \cdots, x_{1n})^{\mathrm{T}}, X_2 = (x_{21}, x_{22}, \cdots, x_{2n})^{\mathrm{T}}$ 为 A 内任意两点,即 $X_1 \in A, X_2 \in A$,将 X_1、X_2 代入约束条件有

$$\sum_{j=1}^{n} P_j x_{1j} = b \; ; \; \sum_{j=1}^{n} P_j x_{2j} = b \qquad (2.7)$$

X_1、X_2 连线上任意一点可表示为

$$X = \alpha X_1 + (1-\alpha)X_2 (0 < \alpha < 1) \qquad (2.8)$$

将式(2.7)代入式(2.8)得

$$\sum_{j=1}^{n} P_j x_j = \sum_{j=1}^{n} P_j [\alpha x_{1j} + (1-\alpha)x_{2j}] = \alpha b + b - \alpha b = b$$

得到 $X = \alpha X_1 + (1-\alpha)X_2 \in A$。由于集合中任意两点连线上的点均在集合内,因此 A 为凸集。

引理 线性规划问题的可行解 $\boldsymbol{X} = (x_1, x_2, \cdots, x_n)$ 为基可行解的充要条件是 $\boldsymbol{X}$ 中的正分量所对应的系数列向量是线性独立的。

证:(1) 必要性:由基可行解的定义,显然得证。

(2) 充分性:若向量 $\boldsymbol{P}_1, \boldsymbol{P}_2, \cdots, \boldsymbol{P}_k$ 线性独立,则必有 $k \leqslant m$;当 $k = m$ 时,它们恰好构成一个基,从而 $\boldsymbol{X} = (x_1, x_2, \cdots, x_m, 0, \cdots, 0)$ 为相应的基可行解。当 $k < m$ 时,由于系数矩阵的秩为 m,则一定可以从其余列向量中取出 $(m-k)$ 个与 $\boldsymbol{P}_1, \boldsymbol{P}_2, \cdots, \boldsymbol{P}_k$ 构成一个基,其对应的解恰

为 X，所以根据定义它是基可行解。

定理 2 线性规划问题的基可行解 X 对应线性规划问题可行域（凸集）的顶点。

证：本定理需要证明 X 是可行域顶点即 X 是基可行解，采用反证法证明。

（1）由 X 不是基可行解推导出 X 不是可行域的顶点。

从一般出发，假设 X 的前 m 个分量为正，故有

$$\sum_{j=1}^{m} \boldsymbol{P}_j x_j = b \tag{2.9}$$

由引理知 $\boldsymbol{P}_1, \boldsymbol{P}_2, \cdots, \boldsymbol{P}_m$ 线性相关，即存在一组不全为零的数 $\delta_i(i=1,2,\cdots,m)$，使得

$$\delta_1 \boldsymbol{P}_1 + \delta_2 \boldsymbol{P}_2 + \cdots + \delta_m \boldsymbol{P}_m = 0 \tag{2.10}$$

式（2.10）乘上一个不为零的数 μ 得

$$\mu\delta_1 \boldsymbol{P}_1 + \mu\delta_2 \boldsymbol{P}_2 + \cdots + \mu\delta_m \boldsymbol{P}_m = 0 \tag{2.11}$$

式（2.9）+式（2.11）得

$$(x_1+\mu\delta_1)\boldsymbol{P}_1 + (x_2+\mu\delta_2)\boldsymbol{P}_2 + \cdots + (x_m+\mu\delta_m)\boldsymbol{P}_m = b$$

式（2.9）-式（2.11）得

$$(x_1-\mu\delta_1)\boldsymbol{P}_1 + (x_2-\mu\delta_2)\boldsymbol{P}_2 + \cdots + (x_m-\mu\delta_m)\boldsymbol{P}_m = b$$

令

$$\boldsymbol{X}^{(1)} = [(x_1+\mu\delta_1),(x_2+\mu\delta_2),\cdots,(x_m+\mu\delta_m),0,\cdots,0]$$
$$\boldsymbol{X}^{(2)} = [(x_1-\mu\delta_1),(x_2-\mu\delta_2),\cdots,(x_m-\mu\delta_m),0,\cdots,0]$$

对于 $i=1,2,\cdots,m$，可以选取 μ，使得 $x_i+\mu\delta_i \geqslant 0, x^{(1)} \in A, x^{(2)} \in A, \boldsymbol{X} = \frac{1}{2}x^{(1)} + \frac{1}{2}x^{(2)}$。根据顶点的定义，$X$ 不是可行域的顶点。

（2）由 X 不是可行域的顶点，推导出 X 不是基可行解。

从一般出发，设 $\boldsymbol{X}=(x_1,x_2,\cdots,x_r,0,\cdots,0)$ 不是可行域的顶点，因而可以找到可行域内另外两个不同点 Y 和 Z，有 $\boldsymbol{X}=\alpha\boldsymbol{Y}+(1-\alpha)\boldsymbol{Z}(0<\alpha<1)$ 或可以写为

$$x_j = \alpha y_j + (1-\alpha)z_j (0<\alpha<1; j=1,2,\cdots,n)$$

因为 $\alpha>0, 1-\alpha>0$，故当 $x_j=0$ 时，必有 $y_j=z_j=0$。

因有

$$\sum_{j=1}^{n} \boldsymbol{P}_j x_j = \sum_{j=1}^{r} \boldsymbol{P}_j x_j = b$$
$$\sum_{j=1}^{n} \boldsymbol{P}_j y_j = \sum_{j=1}^{r} \boldsymbol{P}_j y_j = b \tag{2.12}$$
$$\sum_{j=1}^{n} \boldsymbol{P}_j z_j = \sum_{j=1}^{r} \boldsymbol{P}_j z_j = b \tag{2.13}$$

式（2.12）-式（2.13）得

$$\sum_{j=1}^{r} (y_j-z_j)\boldsymbol{P}_j = 0$$

因为 y_j-z_j 不全为零，故 $\boldsymbol{P}_1, \boldsymbol{P}_2, \cdots, \boldsymbol{P}_r$ 线性相关，即 X 不是基可行解。

定理 3 若线性规划问题有最优解，则一定存在一个基可行解是最优解。

证：设 $(x_1^0, x_2^0, \cdots, x_n^0)$ 是线性规划的一个最优解，$z = \boldsymbol{CX}^{(0)} = \sum_{j=1}^{n} c_j x_j^0$ 是目标函数的最大值，若 $\boldsymbol{X}^{(0)}$ 不是基可行解，由定理 2 知 $\boldsymbol{X}^{(0)}$ 不是顶点，一定能在可行域内找到通过 $\boldsymbol{X}^{(0)}$ 的直线上的另外两个点 $(\boldsymbol{X}^{(0)}+\mu\delta)\geqslant 0$ 和 $(\boldsymbol{X}^{(0)}-\mu\delta)\geqslant 0$。将这两个点代入目标函数有

$$C(X^{(0)} + \mu\delta) = CX^{(0)} + C\mu\delta$$
$$C(X^{(0)} - \mu\delta) = CX^{(0)} - C\mu\delta$$

因为 $CX^{(0)}$ 是目标函数的最大值,故有

$$CX^{(0)} \geqslant CX^{(0)} + C\mu\delta$$
$$CX^{(0)} \geqslant CX^{(0)} - C\mu\delta$$

由此 $C\mu\delta = 0$,即有 $C(X^{(0)} + \mu\delta) = CX^{(0)} = C(X^{(0)} - \mu\delta)$。如果 $(X^{(0)} + \mu\delta)$ 和 $(X^{(0)} - \mu\delta)$ 仍不是基可行解,按上面的方法继续做下去,最后一定可以找到一个基可行解,使其目标函数值等于 $CX^{(0)}$,问题得以证明。

同样,还可以证明以下有关结论:

(1)线性规划问题的可行域非空时,如果有两个顶点同时达到最优解,则两个顶点及其连线上的任意一点都是最优解。此时,有无穷多个最优解,即多重最优解。

(2)可行域相邻两顶点对应的基矩阵中,只有一个基向量不同,其余基向量均相同。

(3)线性规划问题的可行域为无界域时,线性规划的最大化问题有可行解但无最优解,这种情形的解称为无界解,但最小化问题存在有限最优解。

(4)线性规划问题的可行域为空集时,不存在可行解,更不存在最优解,这种情形下称线性规划问题无可行解。

注意:在应用上当线性规划问题出现无界解和无可行解两种情形时,说明线性规划问题的模型有问题,前者缺乏必要的约束条件,后者的约束条件相互冲突,必须修改模型后再进行优化。

21

第四节 线性规划的单纯形法

根据线性规划解的性质,我们知道线性规划如果有最优解,必在可行域的某个顶点达到;如果从某个基可行解出发,每次都找到比上一次目标函数值大的基可行解,则可以大大减少迭代次数,那应该如何迭代呢?

如某线性规划的标准形式为

$$\max z = 3x_1 + 2x_2 + 0x_3 + 0x_4 + 0x_5$$

$$\text{s. t.} \begin{cases} 3x_1 + 3x_2 + x_3 = 18 \\ 3x_1 + x_4 = 15 \\ 4x_2 + x_5 = 16 \\ x_1, x_2 \geqslant 0 \end{cases}$$

该线性规划的约束条件的关系系数矩阵为

$$A = (P_1, P_2, P_3, P_4, P_5) = \begin{bmatrix} 3 & 3 & 1 & 0 & 0 \\ 3 & 0 & 0 & 1 & 0 \\ 0 & 4 & 0 & 0 & 1 \end{bmatrix}$$

取 $B_0 = \begin{bmatrix} 1 & 0 & 0 \\ 0 & 1 & 0 \\ 0 & 0 & 1 \end{bmatrix}$ 作为基,则 x_3、x_4、x_5 为基变量,x_1、x_2 为非基变量,将基变量用非基变量表示的约束方程为

$$x_3 = 18 - 3x_1 - 3x_2$$

$$x_4 = 15 - 3x_1$$

$$x_5 = 16 - 4x_2$$

令非基变量取零值,则可得到初始基可行解 $\boldsymbol{x}^{(0)} = (0,0,18,15,16)$,此时目标函数值为零,这个基可行解表示工厂没有安排生产,资源没有被利用。而目标函数 $z = 3x_1 + 2x_2$ 中非基变量 x_1、x_2 的系数都是正数,如果将 x_1、x_2 某一个换为基变量,其目标函数的取值就可能变大。考虑到 x_1 的系数较大,把 x_1 换入作为基变量,x_3、x_4、x_5 中有一个换出作为非基变量,x_2 还是作为非基变量,在变换过程中还要保证各决策变量是非负,因此就有

$$\text{当 } x_2 = 0 \text{ 时,} \begin{cases} x_3 = 18 - 3x_1 \geqslant 0 \\ x_4 = 15 - 3x_1 \geqslant 0 \\ x_5 = 16 \geqslant 0 \end{cases}$$

因此 $x_1 = \min\left(\dfrac{18}{3}, \dfrac{15}{3}\right) = 5, x_4 = 0, x_4$ 换出作为非基变量。此时 x_2、x_4 作为非基变量,x_1、x_3、x_5 是基变量,把约束条件变为

$$x_1 = 5 - \frac{1}{3}x_4$$

$$x_3 = 3 - 3x_2 + x_4$$

$$x_5 = 16 - 4x_2$$

目标函数 $z = 15 - x_4 + 2x_2$,这时就变换到了基可行解 $(5,0,3,0,16)$,目标函数值增大为 15。显然目标函数中非基变量 x_2 的系数为正,如果 x_2 换入为基变量,x_4 还是作为非基变量,同时满足各决策分量是非负,则有

$$\begin{cases} x_1 = 5 \geqslant 0 \\ x_3 = 3 - 3x_2 \geqslant 0 \\ x_5 = 16 - 4x_2 \geqslant 0 \end{cases}$$

此时 $x_2 = \min\left(\dfrac{3}{3}, \dfrac{16}{4}\right) = 1, x_3 = 0$,此时 x_3、x_4 作为非基变量,x_1、x_2、x_5 是基变量,把约束条件变为

$$x_1 = 5 - \frac{1}{3}x_4$$

$$x_2 = 1 - \frac{1}{3}x_3 + \frac{1}{3}x_4$$

$$x_5 = 12 + \frac{4}{3}x_3 - \frac{4}{3}x_4$$

此时目标函数为 $z = 17 - \dfrac{2}{3}x_3 - \dfrac{1}{3}x_4$,此时可得基可行解 $(5,1,0,0,12)$,目标函数值为 17,由于在目标函数的系数均为非正,所以此时基可行解即为最优值解。

从以上计算过程可以看出,单纯形法的实质就是在基可行解中迭代(在可行域的顶点中迭代),直到找到最优值解为止。在迭代过程中,首先通过把基变量系数变为单位阵,找出初始基可行解,然后判断其是否是最优解,如果是最优解则停止迭代。否则按照一定规则把有的非基变量换入为基变量,把有的基变量换出作为非基变量,并且保证各决策变量都为非负,各基变量的系数为单位阵,就可以找到相邻基可行解,直至找不到更优的基可行解或判定该线性规划问题无界解为止。

一、单纯形法迭代原理

1. 初始基可行解的确定

为了确定初始基可行解,要首先找出初始可行基,然后从约束条件中得到初始基可行解。

(1) 如果线性规划问题

$$\max z = \sum_{j=1}^{n} c_j x_j$$

$$\text{s. t.} \begin{cases} \sum_{j=1}^{n} \boldsymbol{P}_j x_j = b \\ x_j \geqslant 0, j = 1, 2, \cdots, n \end{cases}$$

从 $\boldsymbol{P}_j (j = 1, 2, \cdots, n)$ 中一般能直接观察到一个初始可行基

$$\boldsymbol{B} = \begin{bmatrix} 1 & 0 & \cdots & 0 \\ 0 & 1 & \cdots & 0 \\ \vdots & \vdots & & \vdots \\ 0 & 0 & \cdots & 1 \end{bmatrix}$$

(2) 对约束条件是"$\leqslant$"形式的不等式,在每个约束条件的左端加上一个松弛变量。原约束条件经过整理得

$$x_1 + a_{1,m+1} x_{m+1} + \cdots + a_{1n} x_n = b_1$$
$$x_2 + a_{2,m+1} x_{m+1} + \cdots + a_{2n} x_n = b_2$$
$$\vdots$$
$$x_m + a_{m,m+1} x_{m+1} + \cdots + a_{mn} x_n = b_m$$

可以得到一个单位阵

$$\boldsymbol{B} = \begin{bmatrix} 1 & 0 & \cdots & 0 \\ 0 & 1 & \cdots & 0 \\ \vdots & \vdots & & \vdots \\ 0 & 0 & \cdots & 1 \end{bmatrix}$$

以 $\boldsymbol{B}$ 作为可行基,将每个等式移项

$$x_1 = b_1 - a_{1,m+1} x_{m+1} - \cdots - a_{1n} x_n$$
$$x_2 = b_2 - a_{2,m+1} x_{m+1} - \cdots - a_{2n} x_n$$
$$\vdots$$
$$x_m = b_m - a_{m,m+1} x_{m+1} - \cdots - a_{mn} x_n$$

令 $x_{m+1} = x_{m+2} = \cdots = x_n = 0$,由上式可得:$x_i = b_i (i = 1, 2, \cdots, m)$,得到一个初始基可行解 $\boldsymbol{X} = (x_1, x_2, \cdots, x_m, 0, \cdots, 0)^{\mathrm{T}} = (b_1, b_2, \cdots, b_m, 0, \cdots, 0)$。

2. 最优解的检验和解的判断

由两个变量的线性规划图解方法我们得到启示,线性规划问题的求解结果可能出现唯一最优解、无穷多最优解、无界解和无可行解四种情况,为此需要建立对解的判别准则。根据本章第三节得到的基解计算公式可归纳如下:

$$x_i = b_i' - \sum_{j=m+1}^{n} a_{ij}' x_j (i = 1, 2, \cdots, m)$$

将此基解代入目标函数模式,整理后得到

$$z = \sum_{i=1}^{m} c_i b'_i + \sum_{j=m+1}^{m} (c_j - \sum_{i=1}^{m} c_i a'_{ij}) x_j$$

令

$$z_0 = \sum_{i=1}^{m} c_i b'_i \qquad z_j = \sum_{i=1}^{m} c_i a'_{ij}, j = m+1, m+2, \cdots, n$$

于是
$$z = z_0 + \sum_{j=m+1}^{n} (c_j - z_j) x_j$$

令 $\sigma_j = c_j - z_j (j = m+1, m+2, \cdots, n)$ 则

$$z = z_0 + \sum_{j=m+1}^{n} \sigma_j x_j$$

根据以上式子则可以得出线性规划的解检验以及判别方法。

(1) 最优解判别。$\boldsymbol{X}^{(0)} = (b'_1, b'_2, \cdots, b'_m, 0, \cdots, 0)^{\mathrm{T}}$ 为对应于基 $\boldsymbol{B}$ 的一个基可行解,且对于一切 $j = m+1, m+2, \cdots, n$,有 $\sigma_j \leqslant 0$,则 $\boldsymbol{X}^{(0)}$ 为最优解。称 σ_j 为检验数。

(2) 无穷多最优解判别。$\boldsymbol{X}^{(0)} = (b'_1, b'_2, \cdots, b'_m, 0, \cdots, 0)^{\mathrm{T}}$ 为基可行解,对于一切 $j = m+1, m+2, \cdots, n$,有 $\sigma_j \leqslant 0$,又存在某个非基变量的检验数 $\sigma_{m+k} = 0$ 且存在 $k = 1, 2, \cdots, m$,有 $a'_{i,m+k} > 0$,则线性规划问题有无穷多最优解。

(3) 无界解判别。若 $\boldsymbol{X}^{(0)} = (b'_1, b'_2, \cdots, b'_m, 0, \cdots, 0)^{\mathrm{T}}$ 为一基可行解,有 $\sigma_{m+k} > 0$,并且对 $k = 1, 2, \cdots, m$,有 $a'_{i,m+k} \leqslant 0$,那么该线性规划问题具有无界解。

3. 基变换(从一个基可行解转换为相邻的基可行解)

若初始基可行解 $\boldsymbol{X}^{(0)}$ 不是最优解及不能判断无界时,需要找一个新的基可行解。具体做法是从原可行基中换出一个列向量(当然要保持线性独立),从原非可行基中换入一个列向量,得到一个新的可行基,称为基变换。为了换基,先要确定换入变量,再确定换出变量,让它们相应的系数列向量进行交换,得到一个新的基可行解。

1) 换入变量的确定

当存在 $\sigma_j > 0$ 时,x_j 增加则目标函数值可以继续增大,这时要将某个非基变量 x_j 换入基变量中(称为换入变量)。若有多个 σ_j,则选 $\sigma_j > 0$ 中最大的那个,即 $\max\{ \sigma_j \mid \sigma_j > 0 \}$ 所对应的 x_k 为换入变量。

2) 换出变量的确定

在确定 x_k 为换入变量后,由于其他的非基变量仍然为非基变量,即 $x_j = 0 (j = 1, 2, \cdots, n$ 且 $j \neq k)$,则由约束方程组有

$$x_i = b_i - a_{i1} x_1 - \cdots - a_{ik} x_k - \cdots - a_{in} x_n \geqslant 0 \tag{2.14}$$

当 $a_{ik} \leqslant 0$ 时,如果要式(2.14)成立,x_k 可以取 $(0, \infty)$ 的任意值;

当 $a_{ik} \geqslant 0$ 时,如果要式(2.14)成立,$x_k \leqslant \dfrac{b_i}{a_{ik}} (a_{ik} > 0, i = 1, 2, \cdots, m)$

如果式(2.14)要保证 $x_i \geqslant 0$,必须令

$$\theta = \min \left\{ \frac{b_i}{a_{ik}} \mid a_{ik} > 0 (i = 1, 2, \cdots, m) \right\} = \frac{b_l}{a_{lk}}$$

则 x_k 的增加不能超过 θ,此时相应的变量 x_l 即为换出变量。这时的 θ 值是按最小比值来确定的,称为最小比值,与此对应的 a_{lk} 称为主元素。

4. 单纯形表

为了计算线性规划方便,学者们为单纯形法设计了一种专门表格,并称之为单纯形表,如表 2-4 所示。

表 2-4　线性规划的单纯形表

	c_j		c_1	$\cdots$	c_m	c_{m+1}	$\cdots$	c_n	θ_i
C_B	X_B	b	x_1	$\cdots$	x_m	x_{m+1}	$\cdots$	x_n	
c_1	x_1	b_1	1	$\cdots$	0	$a_{1,m+1}$		a_{1n}	θ_i
c_2	x_2	b_2	0	$\cdots$	0	$a_{2,m+1}$		a_{2n}	θ_i
$\vdots$	$\vdots$	$\vdots$	$\vdots$		$\vdots$	$\vdots$		$\vdots$	$\vdots$
c_m	x_m	b_m	0	$\cdots$	1	$a_{m,m+1}$		a_{nm}	θ_i
$\sigma_j = c_j - z_j$			0	$\cdots$	0	$c_{m+1} - \sum\limits_{i=1}^{m} c_i a_{i,m+1}$	$\cdots$	$c_n - \sum\limits_{i=1}^{m} c_i a_{in}$	

表中，c_j 为表最上端的一行数，是目标函数中各变量的系数值；C_B 是各基变量对应的目标函数中的系数值；X_B 是基变量；b 列在初始单纯形表中填入约束方程右端的常数；每个变量 x_j 下面的数字即是该变量在约束方程中的决策变量的系数向量 P_j。

在单纯形表的第 2、3 列列出某个基可行解的基变量及它们的取值。在基变量下面各列的数字分别对应的是基向量矩阵。表中变量 $x_1, x_2, \cdots, x_m$ 下面各列组成的单位矩阵（简称单位阵）就是初始基可行解对应的基。$\sigma_j = c_j - z_j(j = m+1, m+2, \cdots, n)$ 称为变量 x_j 的检验数，将 x_j 下面的这列数字 P_j 与 C_B 这列数中同行的数字分别相乘，再用 x_j 上端 c_j 值减去上述乘积之和，列式如下。

$$c_j - (c_1 a_{1j} + c_2 a_{2j} + \cdots + c_n a_{nj}) = c_j - \sum_{i=1}^{m} c_i a_{ij}$$

表 2-4 的 θ_i 列的数字是确定换入变量 x_i 后按 θ 规则计算后填入的，即 $\theta_i = \dfrac{b_i}{a_{ij}}(a_{ij} > 0)$。

二、单纯形法的计算

根据以上讨论，将求解线性规划问题的单纯形法的计算步骤归纳如下：

（1）求出线性规划的初始基可行解，列出初始单纯形表。

（2）进行最优性检验。各非基变量检验数为 $\sigma_j = c_j - z_j(j = m+1, m+2, \cdots, n)$，如果 $\sigma_i \leqslant 0$，则单纯形表中的基可行解是问题的最优解，计算到此结束，否则进入下一步。

（3）在 $\sigma_j > 0(j = m+1, m+2, \cdots, n)$ 中，若有某 σ_k 对应 x_k 的系数列向量 $P_k \leqslant 0$，则此问题无界，停止计算。否则，转入下一步。

（4）从一个基可行解换到另一个目标函数值更大的基可行解，列出新的单纯形表。

①确定换入变量。有 $\sigma_i > 0$，对应的变量 x_j 就可作为换入变量，但如果有两个以上的检验数大于零，一般取最大的 σ_k，即 $\sigma_k = \max\{\sigma_i | \sigma_i > 0\}$，取 x_k 作为换入变量。

②确定换出变量。根据最小 θ 规则，由公式计算得：$\theta = \min\left\{\dfrac{b_i}{a_{ik}} \mid a_{ik} > 0\right\}$ 确定换出变量 x_i。

③元素 a_{ik} 决定了从一个基可行解到另一个基可行解的转移，称 a_{ik} 为主元素，以 a_{ik} 为主元素进行行变换，得到新的单纯形表，转到步骤②。

例 5 用单纯形法求解例 1 中的线性规划问题

$$\max z = 3x_1 + 2x_2$$

$$\text{s. t.} \begin{cases} 3x_1 + 3x_2 \leqslant 18 \\ 3x_1 \leqslant 15 \\ 4x_2 \leqslant 16 \\ x_1, x_2 \geqslant 0 \end{cases}$$

解:先将上述问题化成标准形

$$\max z = 3x_1 + 2x_2 + 0x_3 + 0x_4 + 0x_5$$

$$\text{s. t.} \begin{cases} 3x_1 + 3x_2 + x_3 = 18 \\ 3x_1 + x_4 = 15 \\ 4x_2 + x_5 = 16 \\ x_1, x_2 \geqslant 0 \end{cases}$$

取 x_3、x_4、x_5 为基变量,列出初始单纯形表,如表 2-5 所示。

表 2-5　初始单纯形表

C_B	x_b	b	c_j 3 x_1	2 x_2	0 x_3	0 x_4	0 x_5	θ
0	x_3	18	3	3	1	0	0	6
0	x_4	15	[3]	0	0	1	0	5
0	x_5	16	0	4	0	0	1	—
	$c_j - z_j$		3	2	0	0	0	

注:中括号表示主元素,后同。

表中非基变量的检验数为

$$\sigma_1 = c_1 - z_1 = c_1 - \boldsymbol{C}_B' \boldsymbol{P}_1 = 3 - (0,0,0) \begin{bmatrix} 3 \\ 3 \\ 0 \end{bmatrix} = 3$$

$$\sigma_2 = c_2 - z_2 = c_2 - \boldsymbol{C}_B' \boldsymbol{P}_2 = 2 - (0,0,0) \begin{bmatrix} 3 \\ 0 \\ 4 \end{bmatrix} = 2$$

由于检验数都大于零,$\boldsymbol{P}_1$、$\boldsymbol{P}_2$ 又有正分量,因此可以得到更大的目标函数值,可以通过迭代到达另一个基可行解。取 $\max(\sigma_1, \sigma_2) = \max(3,2) = 3$,即 x_1 作为换入变量,$\theta = \min\left\{\dfrac{b_i}{a_{ik}} \mid a_{ik} > 0\right\} = \min\left\{\dfrac{18}{3}, \dfrac{15}{3}, -\right\} = 5$,它所对应的基变量 x_4 作为换出变量。这时把换入变量与换出变量交叉的元素作为主元素(用中括号表示),在另一个基可行解中 x_3、x_1、x_5 是基变量,在单纯形表中通过行变换把 x_3、x_1、x_5 的系数变为单位阵,即把含主元素的行除以主元素,然后把变换好的主元素的行乘以一定的系数加到另两行上,得到新的如表 2-6 所示的单纯形表。

表 2-6　单纯形表迭代 Ⅰ

| C_B | c_j | | 3 | 2 | 0 | 0 | 0 | θ |
	x_b	b	x_1	x_2	x_3	x_4	x_5	
0	x_3	3	0	[3]	1	-1	0	1
3	x_1	5	1	0	0	1/3	0	—
0	x_5	16	0	4	0	0	1	4
	$c_j - z_j$		0	2	0	-1	0	

此时基变量为 x_3、x_1、x_5，对应的基可行解为 $(5,0,3,0,16)$，目标函数值为 15。在表 2-6 中还有检验数大于零，因此还没有到达最优值。取检验数最大的变量 x_2 作为换入变量，$\theta = \min\left\{\dfrac{b_i}{a_{i2}} \,\middle|\, a_{i2} > 0\right\} = \min\left\{\dfrac{3}{3}, -, \dfrac{16}{4}\right\} = 1$，所对应的 x_3 为换出变量，3 为主元素，然后通过行变换把 x_2 所对应的系数向量变为 $(1,0,0)^{\mathrm{T}}$，得到如表 2-7 所示的单纯形表。

表 2-7　单纯形表迭代 Ⅱ

| C_B | c_j | | 3 | 2 | 0 | 0 | 0 | θ |
	x_b	b	x_1	x_2	x_3	x_4	x_5	
2	x_2	1	0	1	1/3	-1	0	
3	x_1	5	1	0	0	1/3	0	
0	x_5	12	0	0	$-4/3$	4/3	1	
	$c_j - z_j$		0	0	$-2/3$	$-1/3$	0	

此时，所有的检验数都小于或等于零，因此已到达最优解。此线性规划问题具有唯一最优解，在 $(5,1,0,0,12)$ 取得最优值，最优值 $z = 17$。

第五节　单纯形法的矩阵描述

可以用矩阵来描述单纯形法的计算过程。它将有助于我们加深对单纯形法的理解以及学习对偶理论等方面的知识。

设有线性规划问题：

$$\max z = CX$$
$$\text{s. t.} \begin{cases} AX \leqslant b \\ X \geqslant 0 \end{cases}$$

给这个线性规划问题的约束条件加入松弛变量 $X_S = (X_{n+1}, X_{n+2}, \cdots, X_{n+m})^{\mathrm{T}}$ 后化为标准形式

$$\max z = CX + 0X_S$$
$$\text{s. t.} \begin{cases} AX + I_m X_S = b \\ X \geqslant 0, X_S \geqslant 0 \end{cases}$$

式中，I_m 是 $m \times m$ 单位阵。

设 B 是一个可行基，也称基矩阵。将系数矩阵 A 分为 (B, N) 两块，这里 N 是非基变量的

系数矩阵。

对应于 B 的变量 $x_{B1},x_{B2},\cdots,x_{Bm}$ 是基变量，用向量

$$X_B = (x_{B1},x_{B2},\cdots,x_{Bm})^{\mathrm{T}}$$

表示。其他为非基变量，则

$$X = \begin{pmatrix} X_B \\ X_N \end{pmatrix}$$

同时将 C 也分为两块 (C_B,C_N)，C_B 是目标函数中基变量 X_B 的系数行向量，C_N 是目标函数中非基变量 X_N 的系数行向量。于是

$$(B,N)\begin{pmatrix} X_B \\ X_N \end{pmatrix} = b$$

$$(C_B,C_N)\begin{pmatrix} X_B \\ X_N \end{pmatrix} = C_B X_B + C_N X_N$$

这时可以将线性规划的标准形式改写为

$$\max z = C_B X_B + C_N X_N$$

$$\text{s. t.}\begin{cases} BX_B + NX_N = b \\ X_B,X_N \geqslant 0 \end{cases}$$

式中，$BX_B = b - NX_N$，在此式两边乘以 B^{-1}，则有

$$X_B = B^{-1}b - B^{-1}NX_N$$

将此式代入线性规划目标函数

$$\begin{aligned} z &= C_B X_B + C_N X_N \\ &= C_B(B^{-1}b - B^{-1}NX_N + C_N X_N \\ &= C_B B^{-1}b + (C_N - C_B B^{-1}N)X_N \end{aligned} \tag{2.15}$$

令非基变量 $X_N = 0$ 可以得到一个基可行解 $X^{(1)} = \begin{pmatrix} B^{-1}b \\ 0 \end{pmatrix}$，目标函数值为

$$z = C_B B^{-1}b \tag{2.16}$$

从式(2.15)和式(2.16)可以看出：

(1) 非基变量的系数 $C_N - C_B B^{-1}N$ 就是检验系数 $\sigma_j = c_j - z_j$，$j = 1,2,\cdots,n$，对于基变量 $B^{-1}N$ 是单位阵，因此

$$C_N - C_B B^{-1}N = C_B - C_B I = 0$$

又因为 C_N 中对应于 X_S 的系数为 0，$C_N - C_B B^{-1}N$ 为 $0 - C_B B^{-1}$，因此所有检验数可以用 $C_N - C_B B^{-1}N$ 与 $-C_B B^{-1}$ 表示。

(2) 用矩阵描述时，θ 规则的表达式是

$$\theta = \min\left\{ \frac{(B^{-1}b)_i}{(B^{-1}P_j)_i} \,\middle|\, (B^{-1}P_j)_i > 0 \right\}$$

式中，$(B^{-1}b)_i$ 是向量 $(B^{-1}b)$ 中第 i 个元素，$(B^{-1}P_j)_i$ 是向量 $(B^{-1}P_j)$ 中第 i 个元素。

(3) 单纯形表。为了便于在表格中找 B^{-1} 所在位置，将目标函数变为

$$\max z = C_B X_B + C_N X_N + 0X_S (N、S \text{ 为非基变量的编号})$$

$$BX_B + NX_N + IX_S = b$$

在进行单纯形法计算时，总选取 I 为初始基，对应基变量为 X_S，经过若干步迭代后，基变量为 X_B，X_B 在初始单纯形表中的系数矩阵为 B，而 A 中去掉 B 的若干列后剩下的列组成矩阵 N，这样初始单纯形表可列为如表 2-8 所示的形式。

表 2-8　矩阵表示的初始单纯形表

项目			非基变量		基变量
			X_B	X_N	X_S
0	X_S	b	B	N	I
	$c_j - z_j$		C_B	C_N	0

当迭代若干步,变为最优单纯形表后,即基变量为 X_B 时,则该步的单纯形表中由 X_B 系数组成的矩阵为 I,对应的 X_S 的系数矩阵在该表为 B^{-1},此时单纯形表为如表 2-9 所示的形式。

表 2-9　矩阵表示的最优单纯形表

项目			基变量		非基变量
			X_B	X_N	X_S
C_B	X_B	$B^{-1}b$	I	$B^{-1}N$	B^{-1}
	$c_j - z_j$		0	$C_N - C_B B^{-1} N$	$-C_B B^{-1}$

第六节　线性规划问题的 Excel 求解

在用电子表格为线性规划问题建立数学模型的过程中,有三个问题需要解答:要做什么决策? 做决策时有哪些决策条件? 决策的绩效测度是什么? 下面将以例 1 的求解过程为例,说明如何在电子表格中描述线性规划模型并求解。

有线性规划模型如下:

$$\max z = 3x_1 + 2x_2$$

$$\text{s. t.} \begin{cases} 3x_1 + 3x_2 \leqslant 18 \\ 3x_1 \leqslant 15 \\ 4x_2 \leqslant 16 \\ x_1, x_2 \geqslant 0 \end{cases}$$

生产计划的数据如表 2-10 所示。

表 2-10　某企业的生产计划数据

设备	产品Ⅰ	产品Ⅱ	设备能力
A	3 小时	3 小时	18 小时
B	3 小时	0 小时	15 小时
C	0 小时	4 小时	16 小时
利润/百万元	3	2	

生产计划问题是对两种产品的生产量做决策;决策的约束是生产该产品所需资源不得超过可用资源量;绩效测度是两种产品的总利润。这样,在原问题相关表格的基础上做出调整,就可以建立电子表格中的模型。

1. 建立线性规划问题的电子表格模型

建立如图 2-8 所示的电子表格模型,电子表格中比原数据表增加了存放决策变量值的行,

称之为可变单元格;增加了 D、E 两列,其中 D 列存放两种产品的已用资源数量,并命名为"实际消耗",E 列存放符号"≤",该符号不参与计算,只起提示作用。

	A	B	C	D	E	F
1				生产规划问题的电子表格模型		
2		甲	乙	实际消耗		可供资源
3	设备A	3	3	0	<=	18
4	设备B	3	0	0	<=	15
5	设备C	0	4	0	<=	16
6	单位利润	3	2			
7						
8	决策变量	甲	乙		目标利润	
9					0	

图 2-8　线性规划问题电子表格模型

D 列(D3,D4,D5)中的数值是规划模型约束条件不等式左端的值,如果给定决策变量的值,约束条件的左端表示资源实际被使用的数量,例如对于设备 A 有

$$设备 A 的实际使用量 = x_1 \times 3 + x_2 \times 3$$

在电子表格中这个公式在 D3 单元格中表示为:D3=B3 * B9+C3 * C9,即两组数相乘后相加,SUMPRODUCT 函数可以实现这一功能,这时可以表达为

$$D3 = SUMPRODUCT(B3:C3, B9:C9)$$

可以利用复制功能,把这个公式下拉到 D4、D5 单元格中。但因为是纵向复制,每一次迭代计算过程中,决策变量的值是不变的,因此可以把放有资源系数的单元格区域作相对引用,把放有决策变量的单元格区域作绝对引用或者混合引用,即变为 D3=SUMPRODUCT(B3:C3, B$9:C$9)。同样也可以写出计算目标利润的公式 E9=SUMPRODUCT(B6:C6,B9:C9)。最终该规划问题的公式输入如图 2-9 所示。

	A	B	C	D	E	F
1				生产规划问题的电子表格模型		
2		甲	乙	实际消耗		可供资源
3	设备A	3	3	=SUMPRODUCT(B3:C3, B$9:C$9)	<=	18
4	设备B	3	0	=SUMPRODUCT(B4:C4, B$9:C$9)	<=	15
5	设备C	0	4	=SUMPRODUCT(B5:C5, B$9:C$9)	<=	16
6	单位利润	3	2			
7						
8	决策变量	甲	乙		目标利润	
9					=SUMPRODUCT(B6:C6, B9:C9)	

图 2-9　电子表格模型的公式输入

2. 用 Excel 规划求解工具求解线性规划模型

Excel 中有一个规划求解工具,可以方便求解线性规划问题。线性规划"加载宏"是 Excel 的一个可选加载模块,只有在选择"定制安装"或"完全安装"选项时才可以选择装入这个模块。如果没有加载,可以通过"文件"菜单的"选项"功能,打开如图 2-10 所示的界面,在此界面中的"管理"组合框中选择"Excel 加载宏"后,点击"转到"按钮,出现"加载宏"界面,选中"规划求解加载项",点击"确认"按钮,完成加载。

首先,选择菜单"数据"后,在其弹出的子菜单中选择"规划求解"命令,打开"规划求解参数"对话框,如图 2-11 所示。

"规划求解参数"对话框的作用就是让计算机知道模型的各个组成部分放在电子表格中的什么地方,可以通过输入单元格地址或用鼠标在电子表格相应的单元格通过单击或者拖动的办法将有关信息加入对话框相应的位置。具体步骤如下:

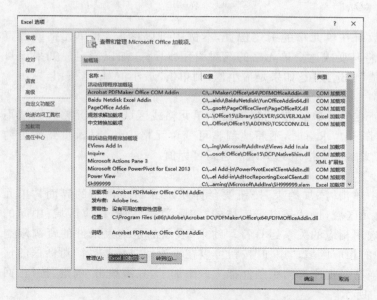
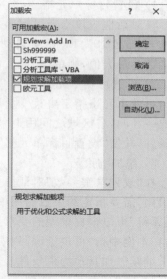

图 2-10　Excel"文件"菜单中的"选项"及"加载宏"功能界面

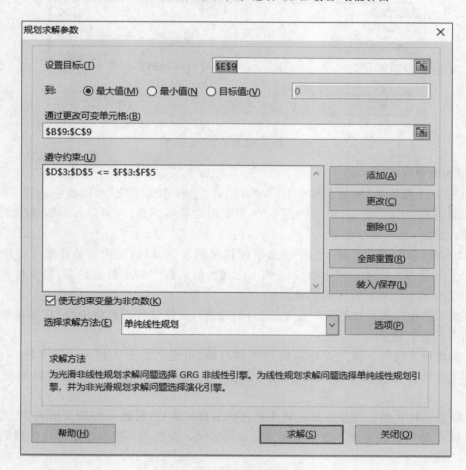

图 2-11　"规划参数求解"对话框

1）设置目标单元格

该对话框应该指定目标函数所在单元格的引用位置,本例中可以单击 E9 单元格或者直接输入"＄E＄9",Excel 会自动将其变成这个单元格的绝对引用＄E＄9 加以固定。如果该目标函数是最大值,则单击"最大值"单选按钮;如果是最小值,则单击"最小值"单选按钮。

2）设置可变单元格

可变单元格指定决策变量所在的各单元格,可以有多个单元格或区域,当单元格或区域不连成一片时,各区域之间用逗号隔开。求解时,不断地调整可变单元格中的数据,直到满足约束条件,并使"设置目标单元格"文本框中指定的单元格达到目标值。

3）添加约束

在"规划求解参数"对话框中单击"添加约束"按钮就会打开如图 2-12 所示的界面,"单元格引用"需要指定约束数据的单元区域,也就是电子表格的"实际消耗"列的相应区域;中间的"运算符"可以根据模型的要求选用相应的关系运算符;"约束"表示的是约束条件的资源限制值,在本例中指"可供资源"列中的相应区域;"添加"按钮可以在不返回"规划求解"对话框的情况下继续添加其他约束条件。当已经把所有约束条件都一一添加了,只需单击"确定"按钮,回到"规划求解"对话框,如图 2-11 所示。

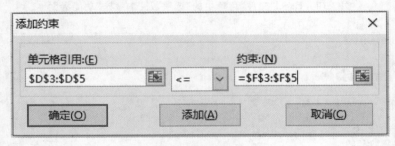

图 2-12 "添加约束"对话框

4）规划求解选项

在如图 2-11 所示的"规划求解参数"界面中,在"选择求解方法"对话框中选择"单纯线性规划",然后点击"选项"按钮,得到如图 2-13 所示的选项对话框,它可以对求解运算的一些属性选项进行设定,具体属性如下:

（1）约束精确度。在此输入用于控制求解精度的数字,以确定约束条件单元格中的数值在目标的上下限内。精度必须为小数（0 到 1 之间）,输入数字的小数位越多,精度越高。此选项一般在求解非线性规划时才需要设置。

（2）显示迭代结果。如果选中此复选框,则每进行一次迭代后都将中断"规划求解"过程,并显示当前的迭代结果。

（3）设置最大时间。在此设定求解过程的时间,可输入的最大值为 32767 秒,一般输入 100 秒即可以满足大多数小型规划求解的需要。此选项一般在求解非线性规划时才需要设置。

（4）设置迭代次数。设定求解过程中的迭代运算的次数,可输入的最大值为 32767 次,一般输入 100 次即可以满足大多数小型规划求解的需要。此选项一般在求解非线性规划时才需要设置。

5）求解

对定义好的问题进行求解,单击"规划参数求解"对话框上的"求解"按钮,得到如图 2-14

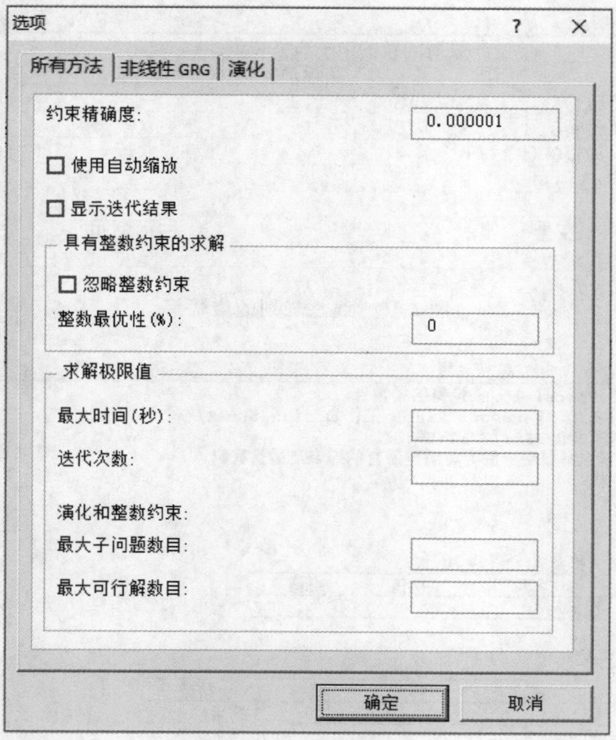

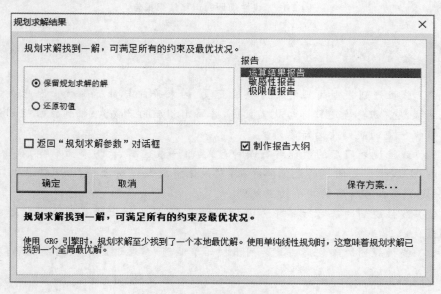

图 2-13   规划求解"选项"对话框

所示的"规划求解结果"对话框。在报告对话框中选中"运算结果报告",选中"制作报告大纲",点击"确定"按钮,就会在电子表格中出现最优的求解结果,如图 2-15 所示;还会出现一个新的电子表格即运算结果报告,如图 2-16 所示。

图 2-14   规划求解结果对话框

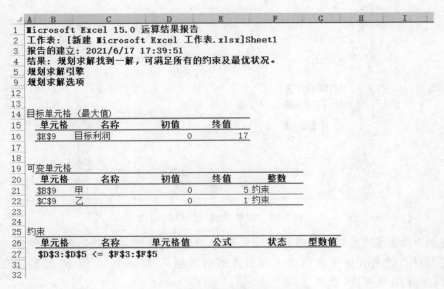

	A	B	C	D	E	F
1		生产规划问题的电子表格模型				
2		甲	乙	实际消耗		可供资源
3	设备A	3	3	18	<=	18
4	设备B	3	0	15	<=	15
5	设备C	0	4	4	<=	16
6	单位利润	3	2			
7						
8	决策变量	甲	乙		目标利润	
9		5	1		17	

图 2-15　线性规划的最优解

	A B	C	D	E	F	G H	I
1	Microsoft Excel 15.0 运算结果报告						
2	工作表：[新建 Microsoft Excel 工作表.xlsx]Sheet1						
3	报告的建立：2021/6/17 17:39:51						
4	结果：规划求解找到一解，可满足所有的约束及最优状况。						
5	规划求解引擎						
9	规划求解选项						
12							
13							
14	目标单元格（最大值）						
15	单元格	名称	初值	终值			
16	$E$9	目标利润	0	17			
17							
18							
19	可变单元格						
20	单元格	名称	初值	终值	整数		
21	$B$9	甲	0	5	约束		
22	$C$9	乙	0	1	约束		
23							
24							
25	约束						
26	单元格	名称	单元格值	公式	状态	型数值	
27	$D$3:$D$5			<= $F$3:$F$5			
31							
32							

图 2-16　线性规划的运算结果报告

 本章小结

　　（1）线性规划模型的三要素为决策变量、约束条件与目标函数。因此在建立线性规划模型前需要确定目标与收集数据，并写出相应的三要素；任何线性规划模型都可以根据一定的规则化为标准形式。

　　（2）线性规划问题的最优解有四种形式：唯一最优解、无穷多最优解、无界解、无可行解；若线性规划问题的最优解存在，则最优解或最优解之一（如果有无穷多最优解）一定能够在可行域的某个顶点找到。

　　（3）线性规划的基可行解即为可行域的顶点，只要找出所有的基可行解就可以找到最优解。

　　（4）线性规划的单纯形法就是列出初始单纯形表，通过迭代找到最优解；在迭代过程中选择检验数 $\max\{\sigma_j = c_j - z_j\}$ 作为换入基变量，$\theta = \min\left\{\dfrac{b_i}{a_{ik}} \mid a_{ik} > 0\right\}$ 作为换出变量，然后通过行变换把基变量的系数矩阵变为单位阵。

思考与练习

1. 判断题(判断下列叙述是否正确)。

(1) 在基可行解中非基变量一定为零。

(2) 线性规划问题的每一个基解对应可行域的一个顶点。

(3) 线性规划问题存在最优解,则最优解一定对应可行域边界上的一个点。

(4) 当最优解中存在为零的基变量时,则线性规划具有多重最优解。

(5) 在标准单纯形法计算中,如按最小比值原则选取换出变量,则在下一个顶点中所有基变量的值为正。

(6) 基解对应的基是可行基。

(7) 若线性规划存在两个不同的最优解,则必有无穷多个最优解。

(8) 单纯形法计算中,选取最大正检验数 δ_k 对应的变量 x_k 作为换入变量,将使目标函数值得到最快的增长。

(9) 线性规划可行域无界,则具有无界解。

(10) 检验数 δ_k 表示在某个顶点上非基变量增加一个单位时目标函数的改变量。

2. 用图解法求解下列线性规划问题,并指出问题具有唯一最优解、无穷多最优解、无界解,还是无可行解。

(1) $\min z = 2x_1 + 3x_2$
$$\text{s. t.} \begin{cases} 4x_1 + 6x_2 \geqslant 6 \\ 4x_1 + 2x_2 \geqslant 4 \\ x_1, x_2 \geqslant 0 \end{cases}$$

(2) $\max z = 3x_1 + 2x_2$
$$\text{s. t.} \begin{cases} 2x_1 + x_2 \leqslant 2 \\ 3x_1 + 4x_2 \geqslant 12 \\ x_1, x_2 \geqslant 0 \end{cases}$$

(3) $\max z = x_1 + x_2$
$$\text{s. t.} \begin{cases} 6x_1 + 10x_2 \leqslant 120 \\ 5 \leqslant x_1 \leqslant 10 \\ 3 \leqslant x_2 \leqslant 8 \end{cases}$$

(4) $\max z = 5x_1 + 6x_2$
$$\text{s. t.} \begin{cases} 2x_1 - x_2 \geqslant 2 \\ -2x_1 + 3x_2 \leqslant 2 \\ x_1, x_2 \geqslant 0 \end{cases}$$

3. 将下列线性规划问题化为标准形式,并列出初始单纯形表。

(1) $\min z = 3x_1 + x_2 - 2x_3$
$$\text{s. t.} \begin{cases} 2x_1 + 3x_2 - 4x_3 \leqslant 12 \\ 4x_1 + x_2 + 2x_3 \geqslant 8 \\ 3x_1 - x_2 + 3x_3 = 6 \\ x_1 \geqslant 0, x_2 \text{ 无约束}, x_3 \leqslant 0 \end{cases}$$

(2) $\min z = 3x_1 + 5x_2 - x_3$
$$\text{s. t.} \begin{cases} x_1 + 2x_2 + x_3 \geqslant 6 \\ 2x_1 + x_2 + 3x_3 \leqslant 16 \\ x_1 + x_2 + 5x_3 = 10 \\ x_1, x_2 \geqslant 0, x_3 \text{ 无约束} \end{cases}$$

4. 对下述线性规划问题找出所有基解,指出哪些是基可行解,并确定最优解。

(1) $\max z = 3x_1 + 2x_2$
$$\text{s. t.} \begin{cases} x_1 + x_2 \leqslant 6 \\ 2x_1 + x_2 \leqslant 10 \\ x_1, x_2 \geqslant 0 \end{cases}$$

(2) $\max z = 3x_1 + 2x_2$
$$\text{s. t.} \begin{cases} -x_1 + 2x_2 \leqslant 5 \\ x_1 + x_2 \leqslant 4 \\ 5x_1 + 3x_2 \leqslant 15 \\ x_1, x_2 \geqslant 0 \end{cases}$$

5. 用单纯形法求解下列线性规划问题。

(1)
$$\max z = 10x_1 + 5x_2$$
$$\text{s. t.} \begin{cases} 3x_1 + 4x_2 \leqslant 9 \\ 5x_1 + 2x_2 \leqslant 8 \\ x_1, x_2 \geqslant 0 \end{cases}$$

(2)
$$\max z = 2x_1 + x_2$$
$$\text{s. t.} \begin{cases} 5x_1 \leqslant 15 \\ 6x_1 + 2x_2 \leqslant 24 \\ x_1 + x_2 \leqslant 5 \\ x_1, x_2 \geqslant 0 \end{cases}$$

(3)
$$\max z = 3x_1 + 2x_2$$
$$\text{s. t.} \begin{cases} -x_1 + 2x_2 \leqslant 4 \\ 3x_1 + 2x_2 \leqslant 16 \\ x_1 - x_2 \leqslant 3 \\ x_1, x_2 \geqslant 0 \end{cases}$$

(4)
$$\max z = x_1 + 6x_2 + 4x_3$$
$$\text{s. t.} \begin{cases} -x_1 + 2x_2 + 2x_3 \leqslant 10 \\ 4x_1 - 4x_2 + x_3 \leqslant 20 \\ x_1 + 2x_2 + x_3 \leqslant 17 \\ x_1, x_2, x_3 \geqslant 0 \end{cases}$$

(5)
$$\max z = 2x_1 + 3x_2 + 5x_3$$
$$\text{s. t.} \begin{cases} 2x_1 + x_2 + 3x_3 \leqslant 10 \\ x_1 + 2x_2 + x_3 \leqslant 6 \\ x_1 + 2x_2 \leqslant 8 \\ x_1, x_2, x_3 \geqslant 0 \end{cases}$$

(6)
$$\max z = -6x_1 + x_2 - 10x_3 + x_4$$
$$\text{s. t.} \begin{cases} 5x_1 + x_2 - 4x_3 + 3x_4 \leqslant 20 \\ 3x_1 - 2x_2 + 2x_3 + x_4 \leqslant 25 \\ 4x_1 - x_2 + x_3 + 3x_4 \leqslant 10 \\ x_1, x_2, x_3, x_4 \geqslant 0 \end{cases}$$

6. 考虑以下线性规划问题：

$$\max z = 69x_1 + x_3 - x_5 - 2x_6$$
$$\text{s. t.} \begin{cases} 5x_2 + 10x_3 + x_4 + 2x_5 = 15 \\ x_1 - 10x_2 + 2x_3 = 4 \\ x_2 + 3x_3 + 3x_5 + x_6 = 6 \\ x_i \geqslant 0, i = 1, 2, \cdots, 6 \end{cases}$$

(1) 找出一个初始基可行解及相应的基变量与非基变量。

(2) 将线性规划转化为标准形式，并列出单纯形表。

(3) 以上初始基可行解是否为最优解？为什么？

7. 求最大目标函数值的线性规划问题的单纯形表如表 2-11 所示。

表 2-11　某规划问题的单纯形表

C_B	X_B	b	x_1	x_2	x_3	x_4	x_5	x_6
	x_1	b_1	1	-1	4	0	0	0
	x_4	4	0	-2	3	1	0	-1
	x_5	5	0	-3	-1	0	1	3
$-z$		-30	0	δ_2	δ_3	0	0	δ_6

在表 2-11 中，b_1、δ_2、δ_3、δ_6 为何值时，

(1) 解为唯一最优解？

(2) 解为无穷多最优解？

(3) 解为退化的可行解？

(4) 线性规划问题无有限最优解？

8. 某昼夜服务的公交线路每天各时间区段内所需司机和乘务人员数如表 2-12 所示。

表 2-12 某公交线路的时间与所需的司乘人员数

班次	时间	所需人数	班次	时间	所需人数
1	6:00—10:00	60	4	18:00—22:00	50
2	10:00—14:00	70	5	22:00—2:00	20
3	14:00—18:00	60	6	2:00—6:00	30

设司机和乘务人员分别在各时间区段开始上班,并连续工作 8 小时,问该公交线路至少应配备多少司机和乘务人员。列出这个问题的线性规划模型并求解。

案例分析

工程投资分配及优化[12]

随着经济全球化进程的不断推进以及互联网科技的迅猛发展,工程投资企业在进行投资决策时所面对的不确定性越来越大。如何进行资本结构优化对于工程投资企业来说具有无比重要的意义。工程投资企业涉及线性规划的主要问题是前期的项目投资决策,投资决策中需要解决的一个主要问题是资金最优分配问题。在投资资金有限的前提条件下,如何利用有限的资金谋求净现值最大化成为投资决策者需要解决的首要难题。在项目投资决策中,投资决策给出的方案往往可以多种方案并行,如何把控投资分配比例,成为研究的主要问题。

投资企业,诸如房地产公司、施工企业等,在进行投资决策时考虑的首要目标是盈利。也就是说,他们希望在合理使用资金的前提条件下以最大盈利为目标来进行投资分配比例的划定。盈利指标一般选择净现值指标来衡量。模型数据选取所有可行的投资方案并获得其一定年限内的成本、盈利额以及各年限内工程投资企业可用于投资的资金额。其中,可行的投资方案是指通过风险控制部门评估合格后可实施的方案。模型选取项目年限设定为 5 年,工程投资企业的主要资金来源包括自有资金、吸收资金、专项资金 3 个部分,其中自有资金是指工程投资企业内部积累或者国家拨款,可用于自身正常经营活动、不需要偿还的一种资金类型;与自有资金相对的是吸收资金,吸收资金也就是借入资金,主要是指工程投资企业为了周转或者扩大生产,依法向金融机构借入并且到期后需要偿还利息的一种资金。本案例只考虑自有资金与吸收资金。

假如某企业某部门在今后五年可用于投资的资金总额为 37 万元,有三个可以考虑投资的项目。假定每个项目可以按比例进行投资,但是每一期比例均相同。三个项目分为 5 期进行,各期所需资金以及预计盈利(假设基准收益率为 10%)如表 2-13 所示。

投资期	项目一所需 资金	项目二所需 资金	项目三所需 资金	部门各期可用 资金	各期可借入 资金
1	7	8	5	7	6
2	5	9	8	8	8
3	8	6	7	8	8
4	6	9	9	7	7
5	5	7	5	8	8
各项目年盈利	7	8	6		

表 2-13　企业各项目投资参数表　　　　　　　（单位：万元）

根据上述情形，建立投资计划的线性规划模型：

（1）只用自有资金情形。

①假设每一期多余的资金不可用于下一期，建立线性规划模型，并求解。

②假设当每一期剩余资金可用于下一期投资时，建立线性规划模型，并求解。

（2）利用自有资金和借入资金情形。

①假设每一期多余的资金不可用于下一期，建立线性规划模型，并求解。

②假设当每一期剩余资金可用于下一期投资时，建立线性规划模型，并求解。

（3）对这两种投资情况做对比分析。

第三章 →

线性规划的对偶问题

学习导引

对偶理论是线性规划发展中很重要的成果之一,该理论提出每一个线性规划问题都有一个对应的对偶线性规划问题。它是研究线性规划的对偶关系与解的特征的。根据该理论,在求解线性规划问题时可同时得到其对偶问题的最优解,还有相对各个约束条件的影子价格,也可以推导出求解线性规划问题的对偶单纯形法。

学习重点

通过本章学习,重点掌握以下知识要点:

1. 对偶问题的内涵;
2. 求出任何线性规划问题的对偶问题;
3. 对偶问题的性质;
4. 对偶变量的含义;
5. 对偶单纯形法;
6. 线性规划问题的参数灵敏度分析。

本章从例题出发,介绍对偶问题的相关概念、方法和理论,包括线性规划对偶理论、资源的影子价格、对偶单纯形法以及灵敏度分析等。

第一节　对偶问题的基本概念

第二章的例 1 中某机械厂利用三种设备生产两种产品,为了使获得的利润最大,建立如下线性规划模型:

$$\max z = 3x_1 + 2x_2$$

$$\text{s. t.} \begin{cases} 3x_1 + 3x_2 \leqslant 18 \\ 3x_1 \leqslant 15 \\ 4x_2 \leqslant 16 \\ x_1, x_2 \geqslant 0 \end{cases} \tag{3.1}$$

对偶理论先从分析该厂家的一个竞争对手出发,该竞争对手拥有这两种产品的订单,但它没有生产设备,因此它必须同该机械厂谈判租用每种设备并确定每小时的价格。可以构造一个数学模型来研究:竞争对手如何使机械厂觉得有利可图愿意把设备出租给自己,又使自己付的租金最少?

假设三种生产设备的小时租金价格分别为 y_1、y_2、y_3,则每天所付的资金最少的目标函数为:$\min w = 18y_1 + 15y_2 + 16y_3$;该竞争对手所付出的租金应不低于该机械厂每天所获取的收益,因而有 $3y_1 + 3y_2 \geqslant 3, 3y_1 + 4y_2 \geqslant 2$,因此可以建立另一种情形下的线性规划模型:

$$\min w = 18y_1 + 15y_2 + 16y_3$$

$$\text{s. t.} \begin{cases} 3y_1 + 3y_2 \geqslant 3 \\ 3y_1 + 4y_3 \geqslant 2 \\ y_1, y_2 \geqslant 0 \end{cases} \tag{3.2}$$

式(3.1)称为线性规划的原问题,式(3.2)称为该线性规划问题的对偶问题,任何线性规划问题都有对偶问题,而且都有相应的意义。

在原问题与对偶问题的模型中,使用的数据参数是同一组,只是数据所在位置不同,假如对线性规划的第 i 个约束条件确定的资源估价为 y_i(称为对偶变量),则线性规划的一般原问题为

$$\max z = \sum_{j=1}^{n} c_j x_j$$

$$\text{s. t.} \begin{cases} \sum_{j=1}^{n} a_{ij} x_j \leqslant b_i (i = 1, 2, \cdots, m) \\ x_j \geqslant 0 (j = 1, 2, \cdots, n) \end{cases} \tag{3.3}$$

其对偶问题为

$$\min w = \sum_{i=1}^{m} b_i y_i$$

$$\text{s. t.} \begin{cases} \sum_{i=1}^{m} a_{ij} y_i \geqslant c_j (j = 1, 2, \cdots, n) \\ y_i \geqslant 0 (i = 1, 2, \cdots, m) \end{cases} \tag{3.4}$$

如果写成矩阵形式,那么原问题和对偶问题可表示如下:

原问题   对偶问题

$\max z = \boldsymbol{CX}$ $\min w = \boldsymbol{Y}^{\mathrm{T}} b$

$\text{s. t.} \begin{cases} \boldsymbol{AX} \leqslant b \\ \boldsymbol{X} \geqslant 0 \end{cases}$ $\text{s. t.} \begin{cases} \boldsymbol{A}^{\mathrm{T}} \boldsymbol{Y} \geqslant \boldsymbol{C}^{\mathrm{T}} \\ \boldsymbol{Y} \geqslant 0 \end{cases}$

根据以上矩阵形式可以看出,对于一般形式的对偶问题,其原问题与对偶问题具有以下特点:

(1) 原问题的约束个数(不包含非负约束)等于对偶问题变量的个数;

(2) 原问题的目标函数系数对应于对偶问题的约束条件的右端项常数;

(3) 原问题的约束条件的右端项常数对应于对偶问题的目标函数系数;

(4) 原问题的约束条件系数矩阵转置就是对偶问题的约束条件系数矩阵;

(5) 原问题是求最大值问题,对偶问题就是求最小值问题;

(6) 约束条件在原问题中为"$\leqslant$"的,则在对偶问题中为"$\geqslant$"。

第二节　求原问题的对偶问题

由于线性规划问题都可以表示为一般形式,因此任何一个原问题都有一个对偶问题,而且任何一对原问题和对偶问题,都是可以相互转化的,也就是说任何一对对偶问题之间的相互关系都是对称的,是互为对偶的。对偶问题的对偶问题就是原问题本身。如果一个线性规划问题不是一般形式,可以把它先转化为一般形式,然后写出它的对偶问题。

例1　胜利家具厂生产桌子和椅子两种家具。桌子每张售价 50 元,椅子每把销售价格 30 元,生产桌子和椅子需要木工和油漆工两类工种。生产一张桌子需要木工 4 小时,油漆工 2 小时。生产一把椅子需要木工 3 小时,油漆工 1 小时。该厂每个月可用木工工时为 120 小时,油漆工工时为 50 小时。问该厂如何组织生产才能使每月的销售收入最大?

解:根据一般形式很容易写出原问题与对偶问题。

原问题

$$\max z = 50x_1 + 30x_2$$
$$\text{s. t.} \begin{cases} 4x_1 + 3x_2 \leqslant 120 \\ 2x_1 + x_2 \leqslant 50 \\ x_1, x_2 \geqslant 0 \end{cases}$$

对偶问题

$$\min w = 120y_1 + 50y_2$$
$$\text{s. t.} \begin{cases} 4y_1 + 2y_2 \geqslant 50 \\ 3y_1 + y_2 \geqslant 30 \\ y_1, y_2 \geqslant 0 \end{cases}$$

例2　求如下问题的对偶问题

$$\min w = 12x_1 + 8x_2 + 16x_3 + 12x_4$$
$$\text{s. t.} \begin{cases} 2x_1 + x_2 + 4x_3 \geqslant 2 \\ 2x_1 + 2x_2 + 4x_4 \geqslant 3 \\ x_1, x_2, x_3, x_4 \geqslant 0 \end{cases}$$

解:根据一般形式的对偶规则可得其对偶问题为

$$\max z = 2y_1 + 3y_2$$
$$\text{s. t.} \begin{cases} 2y_1 + 2y_2 \leqslant 12 \\ y_1 + 2y_2 \leqslant 8 \\ 4y_1 \leqslant 16 \\ 4y_2 \leqslant 12 \\ y_1, y_2 \geqslant 0 \end{cases}$$

例 3 求如下问题的对偶问题

$$\min s = x_1 + 2x_2 + 3x_3$$

$$\text{s. t.} \begin{cases} 2x_1 + 3x_2 + 5x_3 \geqslant 2 \\ 3x_1 + x_2 + 7x_3 \leqslant 3 \\ x_1, x_2, x_3 \geqslant 0 \end{cases}$$

解： 先转化为一般形式的线性规划问题，再根据对偶规则写出对偶问题。

（1）把所有约束条件都变为"$\geqslant$"，则原问题变为

$$\min s = x_1 + 2x_2 + 3x_3$$

$$\text{s. t.} \begin{cases} 2x_1 + 3x_2 + 5x_3 \geqslant 2 \\ -3x_1 - x_2 - 7x_3 \geqslant -3 \\ x_1, x_2, x_3 \geqslant 0 \end{cases}$$

（2）根据对偶规则写出对偶问题

$$\max z = 2y_1 - 3y_2$$

$$\text{s. t.} \begin{cases} 2y_1 - 3y_2 \leqslant 1 \\ 3y_1 - y_2 \leqslant 2 \\ 5y_1 - 7y_2 \leqslant 3 \\ y_1, y_2 \geqslant 0 \end{cases}$$

例 4 求如下问题的对偶问题

$$\min s = 2x_1 + 3x_2 - 5x_3$$

$$\text{s. t.} \begin{cases} x_1 + x_2 - x_3 \geqslant 5 \\ 2x_1 + 3x_2 - x_3 = 4 \\ x_1 \geqslant 0, x_2 \text{ 取值无约束}, x_3 \geqslant 0 \end{cases}$$

解：（1）令 $x_2 = x_2' - x_2''$，$2x_1 + 3x_2 - x_3 = 4$ 转换为 $2x_1 + 3x_2 - x_3 \geqslant 4$ 和 $2x_1 + 3x_2 - x_3 \leqslant 4$，把原问题转换为线性规划一般形式

$$\min s = 2x_1 + 3x_2' - 3x_2'' - 5x_3$$

$$\text{s. t.} \begin{cases} x_1 + x_2' - x_2'' - x_3 \geqslant 5 \\ 2x_1 + 3x_2' - 3x_2'' - x_3 \geqslant 4 \\ -2x_1 - 3x_2' + 3x_2'' + x_3 \geqslant -4 \\ x_1, x_2', x_2'', x_3 \geqslant 0 \end{cases}$$

（2）令三个约束条件中对应的对偶变量为 y_1、y_2'、y_2''，写出其对偶问题

$$\max z = 5y_1 + 4y_2' - 4y_2''$$

$$\text{s. t.} \begin{cases} y_1 + 2y_2' - 2y_2'' \leqslant 2 \\ y_1 + 3y_2' - 3y_2'' \leqslant 3 \\ -y_1 - 3y_2' + 3y_2'' \leqslant -3 \\ -y_1 - y_2' + y_2'' \leqslant -5 \\ y_1, y_2', y_2'' \geqslant 0 \end{cases}$$

（3）再令 $y_2 = y_2' - y_2''$，并将中间的两个约束条件合成等式约束得

$$\max z = 5y_1 + 4y_2$$

$$\text{s. t.} \begin{cases} y_1 + 2y_2 \leqslant 2 \\ y_1 + 3y_2 = 3 \\ -y_1 - y_2 \leqslant -5 \\ y_1 \geqslant 0, y_2 \text{ 无约束} \end{cases}$$

对于任何线性规划问题都可以把它化为一般形式,然后写出它的对偶问题,但是在转换的过程中变换太复杂,其实原问题和对偶问题是有如表 3-1 所示的对应关系的。

表 3-1　原问题与对偶问题的对应关系

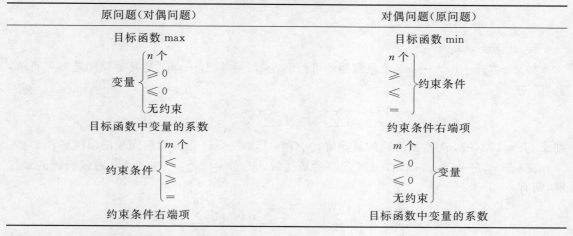

原问题（对偶问题）	对偶问题（原问题）
目标函数 max	目标函数 min
变量 $\begin{cases} n \text{ 个} \\ \geqslant 0 \\ \leqslant 0 \\ \text{无约束} \end{cases}$	$\begin{cases} n \text{ 个} \\ \geqslant \\ \leqslant \\ = \end{cases}$ 约束条件
目标函数中变量的系数	约束条件右端项
约束条件 $\begin{cases} m \text{ 个} \\ \leqslant \\ \geqslant \\ = \end{cases}$	$\begin{cases} m \text{ 个} \\ \geqslant 0 \\ \leqslant 0 \\ \text{无约束} \end{cases}$ 变量
约束条件右端项	目标函数中变量的系数

例 5　求如下线性规划的对偶问题

$$\min w = 3x_1 - 2x_2 + x_3$$

$$\text{s. t.} \begin{cases} x_1 + 2x_2 = 1 \\ 2x_2 - x_3 \leqslant -2 \\ 2x_1 + x_3 \geqslant 3 \\ x_1 - 2x_2 + 3x_3 \geqslant 4 \\ x_1, x_2 \geqslant 0, x_3 \text{ 无约束} \end{cases}$$

解:根据表 3-1 可以直接写出对偶问题

$$\max z = y_1 - 2y_2 + 3y_3 + 4y_4$$

$$\text{s. t.} \begin{cases} y_1 + 2y_3 + y_4 \leqslant 3 \\ 2y_1 + 2y_2 - y_4 \leqslant -2 \\ -y_2 + y_3 + 3y_4 = 1 \\ y_1 \text{ 无约束}, y_2 \leqslant 0, y_3, y_4 \geqslant 0 \end{cases}$$

第三节　对偶问题的基本性质

设线性规划的原问题和对偶问题如式(3.3)和式(3.4)所示,则原问题与对偶问题存在以下基本性质。

1. 弱对偶性

如果 $\bar{x}_j (j = 1, 2, \cdots, n)$ 是原问题的可行解,$\bar{y}_i (i = 1, 2, \cdots, m)$ 是其对偶问题的可行解,

43

则有

$$\sum_{j=1}^{n} c_j \overline{x}_j \leqslant \sum_{i=1}^{m} b_i \overline{y}_i$$

证：因为

$$\sum_{j=1}^{n} c_j \overline{x}_j \leqslant \sum_{j=1}^{n} \left(\sum_{i=1}^{m} a_{ij} \overline{y}_i \right) \overline{x}_j = \sum_{i=1}^{m} \sum_{j=1}^{n} a_{ij} \overline{x}_j \overline{y}_i$$

$$\sum_{i=1}^{m} b_i \overline{y}_i \geqslant \sum_{i=1}^{m} \left(\sum_{j=1}^{n} a_{ij} \overline{x}_j \right) \overline{y}_i = \sum_{i=1}^{m} \sum_{j=1}^{n} a_{ij} \overline{x}_j \overline{y}_i$$

所以

$$\sum_{j=1}^{n} c_j \overline{x}_j \leqslant \sum_{i=1}^{m} b_i \overline{y}_i$$

2. 最优性

如果 $\hat{x}_j (j = 1, 2, \cdots, n)$ 是原问题的可行解，$\hat{y}_i (i = 1, 2, \cdots, m)$ 是其对偶问题的可行解，且有

$$\sum_{j=1}^{n} c_j \hat{x}_j = \sum_{i=1}^{m} b_i \hat{y}_i$$

则 $\hat{x}_j (j = 1, 2, \cdots, n)$ 是原问题的最优解，$\hat{y}_i (i = 1, 2, \cdots, m)$ 是其对偶问题的最优解。

证：设 $x_j^* (j = 1, 2, \cdots, n)$ 是原问题的最优解，$y_i^* (i = 1, 2, \cdots, m)$ 是其对偶问题的最优解，则有

$$\sum_{j=1}^{n} c_j \hat{x}_j \leqslant \sum_{j=1}^{n} c_j x_j^* \leqslant \sum_{i=1}^{m} b_i y_i^* \leqslant \sum_{i=1}^{m} b_i \hat{y}_i$$

又有

$$\sum_{j=1}^{n} c_j \hat{x}_j = \sum_{i=1}^{m} b_i \hat{y}_i$$

因此

$$\sum_{j=1}^{n} c_j \hat{x}_j = \sum_{j=1}^{n} c_j x_j^* = \sum_{i=1}^{m} b_i y_i^* = \sum_{i=1}^{m} b_i \hat{y}_i$$

3. 强对偶性（或称对偶定理）

若原问题及其对偶问题均具有可行解，则两者具有最优解且它们最优解的目标函数值相等。

证：设 $\boldsymbol{X}^*$ 是原问题的最优解，对应的最优基是 $\boldsymbol{B}$，引入松弛变量 $\boldsymbol{X}_S$ 后化为标准形式

$$\max z = \boldsymbol{CX} + 0 \times \boldsymbol{X}_S$$
$$\text{s. t.} \begin{cases} \boldsymbol{AX} + \boldsymbol{IX}_S = b \\ \boldsymbol{X}, \boldsymbol{X}_S \geqslant 0 \end{cases}$$

对应的最优基 $\boldsymbol{B}^*$ 的检验数必有 $\sigma_j \leqslant 0$，即

$$\boldsymbol{C} - \boldsymbol{C}_B \boldsymbol{B}^{-1} \boldsymbol{A} \leqslant 0$$

且松弛变量的检验数 $-\boldsymbol{C}_B \boldsymbol{B}^{-1} \leqslant 0$。

令 $\boldsymbol{Y}^* = \boldsymbol{C}_B \boldsymbol{B}^{-1}$，可知 $\boldsymbol{Y}^* \boldsymbol{A} \geqslant \boldsymbol{C}$ 且 $\boldsymbol{Y}^* \geqslant 0$，因此有 $\boldsymbol{Y}^*$ 是对偶问题的可行解，相应的对偶问题的最优值为 $\boldsymbol{W}^* = \boldsymbol{Y}^* b = \boldsymbol{C}_B \boldsymbol{B}^{-1} b$，由于原函数 $\boldsymbol{Z}^* = \boldsymbol{CX}^* = \boldsymbol{CB}^{-1} b$，所以 $\boldsymbol{X}^*$、$\boldsymbol{Y}^*$ 分别是原问题和对偶问题的最优解，且其目标值相等。

由证明过程可知，线性规划的原问题及其对偶问题之间存在一对互补的基解，其中原问题的松弛变量对应对偶问题的变量，对偶问题的剩余变量对应原问题的变量；这些相互对应的变

量如果在一个问题的解中是基变量,则在另一问题的解中是非基变量。

例 6　现有两个互为对偶的线性规划问题 LP_1 和 LP_2,将其化为标准形式,分别得到 LP_1' 和 LP_2',形式如下:

LP_1'

$$\max z = 3x_1 + 2x_2 + 0x_3 + 0x_4 + 0x_5$$

$$\text{s.t.} \begin{cases} 3x_1 + 3x_2 + x_3 = 18 \\ 3x_1 + x_4 = 15 \\ 4x_2 + x_5 = 16 \\ x_1, x_2 \geqslant 0 \end{cases}$$

LP_2'

$$\max z' = -18y_1 - 15y_2 - 16y_3$$

$$\text{s.t.} \begin{cases} -3y_1 - 3y_2 + y_4 = -3 \\ -3y_1 - 4y_3 + y_5 = -2 \\ y_j \geqslant 0, j = 1, 2, \cdots, 5 \end{cases}$$

两个问题的最终单纯形表如表 3-2 和表 3-3 所示,表中注明了两个问题变量间的对应关系。

表 3-2　原问题的最优单纯形表

		原问题变量		原问题松弛变量		
基	b	x_1	x_2	x_3	x_4	x_5
x_2	1	0	1	1/3	-1/3	0
x_1	5	1	0	0	1/3	0
x_5	12	0	0	-4/3	4/3	1
$z_j - c_j$		0	0	2/3	1/3	0
		对偶问题剩余变量		对偶问题变量		
		y_4	y_5	y_1	y_2	y_3

表 3-3　对偶问题的最优单纯形表

		对偶问题变量		对偶问题剩余变量		
基	b	y_1	y_2	y_3	y_4	y_5
y_2	1/3	0	1	-4/3	-1/3	1/3
y_1	2/3	1	0	4/3	0	-1/3
$z_j - c_j$		0	0	12	5	1
		原问题剩余变量		原问题变量		
		x_3	x_4	x_5	x_1	x_2

从表 3-2 和表 3-3 可以清楚看出两个问题变量之间的对应关系。同时根据上述对偶问题的性质,我们只需求解其中一个问题,从最优解的单纯形表中可以同时得到另一个问题的最优解。

4. 互补松弛性

在线性规划问题的最优解中,如果对应某一约束条件的对偶变量值为非零,则该约束条件取严格等式;反之,如果约束条件取严格不等式,则其对应的对偶变量一定为零。也即:

如果 $\hat{y}_i > 0$，则 $\sum_{j=1}^{n} a_{ij}\hat{x}_j = b_i$；

如果 $\sum_{j=1}^{n} a_{ij}\hat{x}_j < b_i$，则 $\hat{y}_i = 0$。

证：由弱对偶性有

$$\sum_{j=1}^{n} c_j\hat{x}_j \leqslant \sum_{i=1}^{m}\sum_{j=1}^{n} a_{ij}\hat{x}_j\hat{y}_i \leqslant \sum_{i=1}^{m} b_i\hat{y}_i \tag{3.5}$$

又根据最优性 $\sum_{j=1}^{n} c_j\hat{x}_j = \sum_{i=1}^{m} b_i\hat{y}_i$，故式(3.5)中应全为等式。由式(3.5)右端等式得

$$\sum_{i=1}^{m}\left(\sum_{j=1}^{n} a_{ij}\hat{x}_j - b_i\right)\hat{y}_i = 0 \tag{3.6}$$

因 $\hat{y}_i \geqslant 0$，$\sum_{j=1}^{n} a_{ij}\hat{x}_j - b_i \leqslant 0$，故式(3.6)成立必须对所有 $i = 1,2,\cdots,m$ 有：

当 $\hat{y}_i > 0$ 时，则有 $\sum_{j=1}^{n} a_{ij}\hat{x}_j - b_i = 0$；

当 $\sum_{j=1}^{n} a_{ij}\hat{x}_j - b_i < 0$ 时，则有 $\hat{y}_i = 0$。

将互补松弛性质应用于其对偶问题时可以这样叙述：

当 $\hat{x}_j > 0$ 时，则有 $\sum_{j=1}^{m} a_{ij}\hat{y}_i = c_j$；

当 $\sum_{i=1}^{m} a_{ij}\hat{y}_i > c_j$ 时，则有 $\hat{x}_j = 0$。

第四节　影子价格

从对偶问题的基本性质可知，当线性规划原问题的最优解是 $x_j^*(j = 1,2,\cdots,n)$ 时，其对偶问题也得到最优解 $y_i^*(i = 1,2,\cdots,m)$，且代入各自的目标函数后有

$$z^* = \sum_{j=1}^{n} c_j x_j^* = \sum_{i=1}^{m} b_i y_i^* = w^*$$

式中，b_i 是线性规划原问题约束条件的右端项，它代表第 i 种资源的拥有量；对偶变量 y_i^* 代表的是在资源最优利用条件下对单位第 i 种资源的估价。这种估价不是资源的市场价格，而是根据资源在生产中作出的贡献而做的估价，这种估价一般称为影子价格。

以生产计划为例，给出对偶问题的经济解释。规划问题是分配 m 种资源生产 n 种产品，相应的约束条件为

约束函数 $\leqslant$ 右端项 $b_i(i = 1,2,\cdots,m)$

设 $\boldsymbol{B}$ 是生产计划问题的最优基，则最优目标值

$$z = \boldsymbol{C_B}\boldsymbol{B}^{-1}b = \boldsymbol{Y}^* b = y_1^* b_1 + y_2^* b_2 + \cdots + y_i^* b_i + \cdots + y_m^* b_m$$

在其余参数不变的条件下，当第 i 种资源的数量变化时会产生目标函数

$$\frac{\partial z^*}{\partial b_i} = y_i^*(i = 1,2,\cdots,m)$$

它表示 y_i^* 是目标函数对第 i 种资源的变化率，这就是第 i 种资源的影子价格或边际价格。它

说明在给定的生产条件下，y_i^* 的值相当于每增加一个单位 b_i 时目标函数 z 的增量。由于资源的市场价格是已知数，相对比较稳定，而它的影子价格有赖于资源的利用情况，是未知数。系统内任何资源数量和价格的变化，如生产任务、产品结构等发生变化，都会引起影子价格的变化。从这个意义上讲，影子价格是一种动态价格。从市场角度讲，资源的影子价格实际上是一种机会成本。

图 3-1 是本章 LP_1 用图解法求解时的情形，点 $(5,1)$ 是最优解，代入目标函数值得 $z^* = 17$。如果该例的第一个约束条件右端项增加 1（即资源 b_1 增加 1），该约束条件变为 $3x_1 + 3x_2 \leqslant 19$，图中表示该直线平移到虚线位置，相应最优值变为 $(5, \frac{4}{3})$，$z^* = 17\frac{2}{3}$，此时目标函数变化为 $\frac{2}{3}$，说明该资源的影子价格为 $\frac{2}{3}$。同理，可求出另外两种资源的影子价格为 $\frac{1}{3}$、0。

资源的影子价格也是一种机会成本，反映了企业经理人员为增加一单位额外资源愿意付出的最大费用。图 3-1 中 $y_1 = \frac{2}{3}$，则当 b_1 这种资源的市场价格低于 $\frac{2}{3}$ 时，可以买进这种资源；相反，当市场价格高于 $\frac{2}{3}$ 时，就可以卖出这种资源。但注意随着资源数量的变化，影子价格也将发生变化。

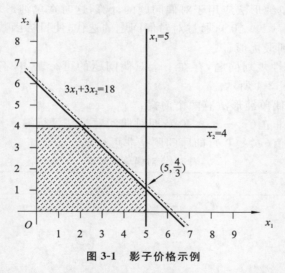

图 3-1　影子价格示例

下面基于影子价格含义再考察单纯形法，从对偶问题的经济解释入手为原问题的单纯形法提供完整的经济解释。

（1）从影子价格的含义上来考察单纯形法的计算。因有

$$\sigma_j = c_j - \boldsymbol{C}_B \boldsymbol{B}^{-1} \boldsymbol{P}_j = c_j - \sum_{i=1}^{m} a_{ij} y_i$$

式中，c_j 代表第 j 种产品的利润，$\sum_{i=1}^{m} a_{ij} y_i$ 是生产一个单位该种产品所消耗各项资源的影子价格的总和，即产品的隐含成本。当产品的利润大于隐含成本时，表明生产该项产品有利可图，可在计划中安排，否则用这些资源来生产别的产品更为有利，就不在生产计划中安排。这就是单纯形法中的检验数 σ_j 的经济意义。

（2）在对偶问题的互补松弛性质中有 $\sum_{j=1}^{n} a_{ij} x_j^* < b_i$ 时，$y_i^* = 0$；当 $\sum_{j=1}^{n} a_{ij} x_j^* = b_i$，$y_i^* \neq$

0,这表明生产过程中当某种资源 b_i 未得到充分利用时,该种资源的影子价格为零;当该种资源在生产中已消耗完毕,得到充分利用时,资源的影子价格不为零。

一般讲,对线性规划问题的求解是确定资源的最优分配方案,而对于对偶问题的求解则是确定对资源的恰当估价,这种估价直接涉及资源的最有效利用。设想在一个大公司内部,可借助资源的影子价格确定一些内部结算价格,以便控制有限资源的使用并考核下属企业经营的好坏。在国家或地区范围可对一些最紧缺的资源,借助影子价格规定使用这种资源每单位必须上缴的利润额,以使一些经济效益低的企业谨慎地使用紧缺资源,使有限资源发挥更大的经济效益。

第五节　对偶单纯形法

通过对偶问题的性质知道,在求解线性规划问题时,若得到最优值的单纯形表并得到原问题的一个基可行解,其检验数的相反数就是对偶问题的基可行解,而且把它们代入各自的目标函数时其值相等。单纯形法的思想是保持原问题为基可行解(顶点),通过变换基变量迭代,使目标函数不断增大,当其对偶问题的解也为基可行解时,就达到了目标函数的最优值。所谓的对偶单纯形法,就是将单纯形法应用于对偶问题的计算,这时在单纯形表中对偶问题为基可行解,但原问题为非可行解($b_i < 0$),通过对对偶问题的迭代,使目标函数减小,当对偶问题变成最优值时,原问题就达到最优值。

设某标准形式的线性规划问题,存在一个对偶问题的可行基 $\boldsymbol{B}$,不妨设 $\boldsymbol{B} = (\boldsymbol{P}_1, \boldsymbol{P}_2, \cdots, \boldsymbol{P}_m)$,列出单纯形表如表 3-4 所示。

在表 3-4 中应用对偶单纯形法有两个前提:

(1)所有的检验数非正($c_j - z_j \leqslant 0$),即对偶问题是基可行解;

(2)基变量存在负值($b'_r < 0$),即原问题是非可行解。

表 3-4　对偶单纯形表

C_B	基	b	x_1		x_r		x_m	x_{m+1}		x_s		x_n
c_1	x_1	b'_1	1	$\cdots$	0	$\cdots$	0	$a_{1,m+1}$	$\cdots$	a_{1s}	$\cdots$	a_{1n}
$\vdots$	$\vdots$	$\vdots$	$\vdots$		$\vdots$		$\vdots$	$\vdots$		$\vdots$		$\vdots$
c_r	x_r	b'_r	0	$\cdots$	1	$\cdots$	0	$a_{r,m+1}$		a_{rs}		a_{rn}
$\vdots$	$\vdots$	$\vdots$	$\vdots$		$\vdots$		$\vdots$	$\vdots$		$\vdots$		$\vdots$
c_m	x_m	b'_m	0	$\cdots$	0	$\cdots$	1	$a_{m,m+1}$		a_{ms}		a_{mn}
	$c_j - z_j$		0		0		0	$c_{m+1} - z_{m+1}$		$c_s - z_s$	$\cdots$	$c_n - z_n$

对偶单纯形的算法步骤如下:

(1)化标准形并列出初始单纯形表。将所有用 ≥ 连接的约束条件转化为 ≤ 形式(在两边乘以 -1),并引入松弛变量将线性规划问题转换成标准形式;列出单纯形表,在单纯形表中,所有的检验数必须小于等于零($c_j - z_j \leqslant 0$)。

(2)可行性检验。如果所有的 $b'_r \geqslant 0$,则已经找到最优值;否则转到步骤(3)。

(3)迭代:

① 选择换出变量,根据 $\min\limits_i \{ b_i \mid b_i < 0 \} = b_i$,确定 x_l 为出基变量;

② 选择换入变量,根据 $\min\limits_j \left\{ \dfrac{c_j - z_j}{a_{rj}} \mid a_{rj} < 0 \right\} = \dfrac{c_k - z_k}{a_{rk}}$,确定 x_k 为换入变量。

（4）以 a_{rk} 为主元素作换基迭代运算，方法与单纯形法完全相同，得到新的单纯形表，返回步骤（2）。

由对偶问题的基本性质可知，当对偶问题存在可行解时，原问题可能存在可行解，也可能无可行解。如果出现 $b_r < 0$，而对所有 $j = 1, 2, \cdots, n$，有：$a_{rj} \geqslant 0$ 时，此时列出表中第 r 行的约束方程为

$$x_r + a_{r,m+1}x_{m+1} + \cdots + a_{r,n}x_n = b_r$$

因 $a_{rj} \geqslant 0, b_r < 0$，不可能出现存在 $x_j \geqslant 0 (j = 1, 2, \cdots, n)$ 的解，故原问题无可行解，这时对偶问题的解是有可行解的无界解。

下面举例说明对偶单纯形法的计算步骤。

例 7 用对偶单纯形法求解如下线性规划问题：

$$\min z = 18y_1 + 15y_2 + 16y_3$$

$$\text{s. t.} \begin{cases} 3y_1 + 3y_2 \geqslant 3 \\ 3y_1 + 4y_3 \geqslant 2 \\ y_j \geqslant 0, j = 1, 2, 3 \end{cases}$$

解：先将问题改写为目标函数极大化，并化为标准形式：

$$\max z' = -18y_1 - 15y_2 - 16y_3$$

$$\text{s. t.} \begin{cases} -3y_1 - 3y_2 + y_4 = -3 \\ -3y_1 - 4y_3 + y_5 = -2 \\ y_j \geqslant 0, j = 1, 2, \cdots, 5 \end{cases}$$

列出单纯形表，并用对偶单纯形法求解。计算步骤见表 3-5。

表 3-5 对偶单纯形计算过程

C_B	x_b	b	c_j -18 y_1	-15 y_2	-16 y_3	0 y_4	0 y_5
0	y_4	-3	-3	$[-3]$	0	1	0
0	y_5	-2	-3	0	-4	0	1
	$c_j - z_j$		-18	-15	-16	0	0
-15	y_2	1	1	1	0	$-1/3$	
0	y_5	-2	$[-3]$	0	-4	0	1
	$c_j - z_j$		-3	0	-16	-5	0
-15	y_2	$1/3$	0	1	$-4/3$	$-1/3$	$1/3$
-18	y_1	$2/3$	1	0	$4/3$	0	$-1/3$
	$c_j - z_j$		0	0	-12	-5	-1

在计算过程中，第 1 次迭代，$\min\{-3, -2\} = -3$，y_4 为换出变量；$\min\left\{\dfrac{-18}{-3}, \dfrac{-15}{-3}\right\} = 5$，$y_2$ 为换入变量；此时 -3 为主元素，将 y_2 的系数 $\begin{bmatrix} -3 \\ 0 \end{bmatrix}$ 通过行变化变为 $\begin{bmatrix} 1 \\ 0 \end{bmatrix}$。第 2 次迭代，$\min\{1, -2\} = -2$，$y_5$ 为换出变量；$\min\left\{\dfrac{-3}{-3}, \dfrac{-16}{-4}\right\} = 1$，$y_1$ 为换入变量；此时 -3 为主元素，将 y_1 的系数 $\begin{bmatrix} 1 \\ -3 \end{bmatrix}$ 通过行变化变为 $\begin{bmatrix} 0 \\ 1 \end{bmatrix}$。通过迭代后，所有检验数行的元素均小于等于零，

由此得到问题的最优解为 $(\frac{2}{3}, \frac{1}{3}, 0, 0, 0), \min z = 17$。

第六节　灵敏度分析

灵敏度分析是指对系统或事物因周围条件变化显示出来的敏感程度的分析。在前面所讲的线性规划问题中，都假定 a_{ij}、b_i、c_j 是已知常数，但实际上这些数往往是一些估计和预测的数字。若市场条件发生变化，c_j 值就会变化。a_{ij} 会随着工艺技术条件的改变而改变，而 b_i 值则是根据资源投入后能产生多大经济效果来决定的一种决策选择。因此就会提出以下问题：当这些参数中的一个或几个发生变化时，问题的最优解会有什么变化？或者，这些参数在一个多大范围内变化时，问题的最优解或最优基不变？这些就是灵敏度分析所要解决的问题。

当线性规划问题中的一个或几个参数变化时，可以用单纯形法从头计算，看最优解有无变化，但这样做既麻烦又没有必要。因为从前面已经知道，单纯形法的迭代计算是从一组基向量变换为另一组基向量，表中每步迭代得到的数值只随基向量的不同选择而改变，因此有可能把个别参数的变化直接在计算得到最优解的单纯形表上反映出来，这样就不需要从头计算，可以直接对计算得到最优解的单纯形表进行审查，看一些数值变化后，是否仍满足最优解的条件，如果不满足的话，再从这个表开始进行迭代计算，求得最优解。

灵敏度分析的步骤可归纳如下：

（1）将参数的改变计算反映到最终单纯形表上来。

具体计算方法是，按下列公式计算出参数 a_{ij}、b_i、c_j 的变化引起的最终单纯形表上有关数字的变化，即

$$\Delta \boldsymbol{b}^* = \boldsymbol{B}^{-1} \Delta \boldsymbol{b}$$
$$\Delta \boldsymbol{P}_i^* = \boldsymbol{B}^{-1} \Delta \boldsymbol{P}_i$$
$$\Delta (c_j - z_j)^* = \Delta (c_j - z_j) - \sum_{i=1}^{m} a_{ij} y_i^*$$

（2）检查原问题的解是否仍为可行解。

（3）检查对偶问题的解是否仍为可行解。

（4）按表 3-6 所列情况得出结论，并决定继续计算的步骤。

表 3-6　灵敏度分析的结论与后续操作

原问题	对偶问题	结论或者继续计算的步骤
可行解	可行解	仍为问题的最优解
可行解	非可行解	用单纯形法继续迭代求最优解
非可行解	可行解	用对偶单纯形法继续迭代求最优解
非可行解	非可行解	引进人工变量，编制新的单纯形表重新计算

下面分别就各个参数改变后的情形进行讨论。

1. 分析 c_j 的变化范围

目标函数的变化仅仅影响到检验数 $(c_j - z_j)$ 的变化，所以将 c_j 的变化直接反映到最终单纯形表中，只可能出现如表 3-6 中所示的前两种情况。

例 8 已知线性规划问题

$$\max z = (3+\lambda_1)x_1 + (2+\lambda_2)x_2$$

$$\text{s. t.}\begin{cases}3x_1 + 3x_2 \leqslant 18\\ 3x_1 \leqslant 15\\ 4x_2 \leqslant 16\\ x_1, x_2 \geqslant 0\end{cases}$$

试分析 λ_1 和 λ_2 分别在什么范围变化,问题的最优解不变。

解:当 $\lambda_1 = \lambda_2 = 0$ 时,上述线性规划问题的最终单纯形表如表 3-2 所示。当 $\lambda_2 = 0$ 时,将 λ_1 反映到表 3-2 中,得到如表 3-7 所示情形。

表 3-7 λ_1 变化引起的最终单纯形表的变化

	c_j		$3+\lambda_1$	2	0	0	0
C_B	x_b	b_i	x_1	x_2	x_3	x_4	x_5
2	x_2	1	0	1	1/3	$-1/3$	0
$3+\lambda_1$	x_1	5	1	0	0	1/3	0
0	x_5	12	0	0	$-4/3$	4/3	1
	$(c_j - z_j)$		0	0	$-2/3$	$-\frac{1}{3}-\frac{1}{3}\lambda_1$	0

表中解为最优解的条件是 $-\frac{1}{3}-\frac{1}{3}\lambda_1 \leqslant 0$,即 $\lambda_1 \geqslant -1$ 时满足问题的最优解不变。

同样,当 $\lambda_1 = 0$ 时将 λ_2 反映到表 3-2 中得到表 3-8。

表 3-8 λ_2 变化引起的最终单纯形表的变化

	c_j		3	$2+\lambda_2$	0	0	0
C_B	x_b	b_i	x_1	x_2	x_3	x_4	x_5
$2+\lambda_2$	x_2	1	0	1	1/3	$-1/3$	0
3	x_1	5	1	0	0	1/3	0
0	x_5	12	0	0	$-4/3$	4/3	1
	$(c_j - z_j)$		0	0	$-\frac{2}{3}-\frac{1}{3}\lambda_2$	$\frac{1}{3}\lambda_2-\frac{1}{3}$	0

为使表中的解仍为最优解,应有 $-\frac{2}{3}-\frac{1}{3}\lambda_2 \leqslant 0, \frac{1}{3}\lambda_2 - \frac{1}{3} \leqslant 0$,得到 $-2 \leqslant \lambda_2 \leqslant 1$。

2. 分析 b_i 的变化范围

b_i 的变化在实际问题中表明可用资源的数量发生变化。在最终单纯形表上只会引起基变量数值发生改变,因此灵敏度分析的步骤为:

(1) 算出 Δb_i,将其加到基变量列的数字上;

(2) 由于其对偶问题仍为可行解,故只需检查原问题是否仍为可行解,再按表 3-6 所列结论进行进一步计算。

例 9 线性规划问题

$$\max z = 3x_1 + 2x_2$$

$$\text{s. t.} \begin{cases} 3x_1 + 3x_2 \leqslant 18 + \lambda_1 \\ 3x_1 \leqslant 15 + \lambda_2 \\ 4x_2 \leqslant 16 + \lambda_3 \\ x_1, x_2 \geqslant 0 \end{cases}$$

分别分析 λ_1、λ_2、λ_3 在什么范围内变化,问题的最优基不变。

解:先分析 λ_1 的变化,因为 $\Delta b^* = B^{-1} \Delta b$,因此有

$$\Delta b^* = \begin{bmatrix} \dfrac{1}{3} & -\dfrac{1}{3} & 0 \\ 0 & \dfrac{1}{3} & 0 \\ -\dfrac{4}{3} & \dfrac{4}{3} & 1 \end{bmatrix} \begin{bmatrix} \lambda_1 \\ 0 \\ 0 \end{bmatrix} = \begin{bmatrix} \dfrac{1}{3}\lambda_1 \\ 0 \\ -\dfrac{4}{3}\lambda_1 \end{bmatrix}$$

使问题的最优基不变的条件是 $b + \Delta b^* \geqslant 0$,即

$$\begin{bmatrix} 1 \\ 5 \\ 12 \end{bmatrix} + \begin{bmatrix} \dfrac{1}{3}\lambda_1 \\ 0 \\ -\dfrac{4}{3}\lambda_1 \end{bmatrix} = \begin{bmatrix} 1 + \dfrac{1}{3}\lambda_1 \\ 5 \\ 12 - \dfrac{4}{3}\lambda_1 \end{bmatrix} \geqslant 0$$

由此推得 $-3 \leqslant \lambda_1 \leqslant 9$。

同理分析 λ_2 和 λ_3 的变化,分别有

$$\begin{bmatrix} 1 - \dfrac{2}{3}\lambda_2 \\ 5 + \dfrac{1}{3}\lambda_2 \\ 12 + \dfrac{4}{3}\lambda_2 \end{bmatrix} \geqslant 0 \text{ 和 } \begin{bmatrix} 1 \\ 5 \\ 12 + \lambda_3 \end{bmatrix} \geqslant 0$$

可以得到 $-9 \leqslant \lambda_2 \leqslant \dfrac{3}{2}$,$\lambda_3 \geqslant -12$。

3. 增加一个变量的分析

增加一个变量在实际问题中反映为增加一种新的产品,分析步骤为:

(1)计算 $\sigma_j = c_j - z_j = c_j - \sum\limits_{i=1}^{m} a_{ij} y_i^*$;

(2)计算 $P_j' = B^{-1} P_j$;

(3)若 $\sigma_j \leqslant 0$,只需将 P_j' 和 σ_j 的值直接反映到最终单纯形表中,原最优解不变;若 $\sigma_j > 0$,则按单纯形法继续迭代计算。

例 10 若第一章例 1 中,增加一个变量 x_6,有 $c_6 = 3$,$P_6 = (3,2,1)^T$,试分析问题最优解的变化。

解:

$$\sigma_6 = 3 - (3 \quad 2 \quad 1) \begin{bmatrix} \dfrac{2}{3} \\ \dfrac{1}{3} \\ 0 \end{bmatrix} = \dfrac{1}{3}$$

$$\boldsymbol{P}_6' = \begin{bmatrix} \dfrac{1}{3} & -\dfrac{1}{3} & 0 \\[2mm] 0 & \dfrac{1}{3} & 0 \\[2mm] -\dfrac{4}{3} & \dfrac{4}{3} & 1 \end{bmatrix} \begin{bmatrix} 3 \\ 2 \\ 1 \end{bmatrix} = \begin{bmatrix} \dfrac{1}{3} \\[2mm] \dfrac{2}{3} \\[2mm] -\dfrac{1}{3} \end{bmatrix}$$

将其代入表 3-2 得表 3-9。

表 3-9 增加一个变量后的计算

| C_B | c_j | | 3 | 2 | 0 | 0 | 0 | 3 |
	x_b	b_i	x_1	x_2	x_3	x_4	x_5	x_6
2	x_2	1	0	1	1/3	−1/3	0	1/3
3	x_1	5	1	0	0	1/3	0	2/3
0	x_5	12	0	0	−4/3	4/3	1	−1/3
	$(c_j - z_j)$		0	0	−2/3	−1/3	0	1/3

由于 $\sigma_6 > 0$，继续用单纯形法迭代得到表 3-10。

表 3-10 增加一个变量后的最终单纯形表

| C_B | c_j | | 3 | 2 | 0 | 0 | 0 | 3 |
	x_b	b_i	x_1	x_2	x_3	x_4	x_5	x_6
3	x_6	3	0	3	1	−1	0	1
3	x_1	3	1	−2	−2/3	1	0	0
0	x_5	13	0	1	−1	1	1	0
	$(c_j - z_j)$		0	−1	−1	0	0	0

故新的最优解为无穷多最优解，最优值为 18。

4. 增加一个约束条件的分析

增加一个约束条件，在实际问题中相当于增添一道工序。分析的方法是先将原来问题的最优值变量取值代入这个新增的约束条件中，如果满足约束条件，说明新增约束未起到限制作用，原最优解不变。否则将新增约束直接反映到最终单纯形表中，再进行分析。

例 11 在第二章例 1 中，增加一个约束条件 $3x_1 + 2x_2 \leqslant 15$，要求分析最优解的变化。

解：因有 $3 \times 5 + 2 \times 1 = 17 > 15$，所以将约束条件加上松弛变量后的方程 $3x_1 + 2x_2 + x_6 = 15$ 直接反映到最终单纯形表中得到表 3-11。

表 3-11 增加的约束条件加入最终单纯形表中

| C_B | c_j | | 3 | 2 | 0 | 0 | 0 | 0 |
	x_b	b_i	x_1	x_2	x_3	x_4	x_5	x_6
2	x_2	1	0	1	1/3	−1/3	0	1/3
3	x_1	5	1	0	0	1/3	0	2/3
0	x_5	12	0	0	−4/3	4/3	1	−1/3
0	x_6	15	3	2	0	0	0	1
	$(c_j - z_j)$		0	0	−2/3	−1/3	0	1/3

为使 P_1、P_2、P_5、P_6 列组成单位阵,对表 3-11 进行初等的行变换,得到表 3-12。

表 3-12　行变换使基变量成为单位阵

c_j			3	2	0	0	0	0
C_B	x_b	b_i	x_1	x_2	x_3	x_4	x_5	x_6
2	x_2	1	0	1	1/3	−1/3	0	0
3	x_1	5	1	0	0	1/3	0	0
0	x_5	12	0	0	−4/3	4/3	1	0
0	x_6	−2	0	0	[−2/3]	2/3	0	1
$(c_j - z_j)$			0	0	−2/3	−1/3	0	0

对表 3-12 用对偶单纯形法继续迭代计算得到表 3-13。

表 3-13　用对偶单纯形法得到最终单纯形表

c_j			3	2	0	0	0	0
C_B	x_b	b_i	x_1	x_2	x_3	x_4	x_5	x_6
2	x_2	0	0	1	0	0	0	1/2
3	x_1	5	1	0	0	1/3	0	0
0	x_5	16	0	0	0	0	1	−2
0	x_3	3	0	0	1	−1	0	−3/2
$(c_j - z_j)$			0	0	0	−1	0	−1

因此,增加约束后,问题的新的解为 $(5,0,3,0,16,0)$,最优值为 15。

本章小结

(1)任何线性规划问题都有对偶问题,可以通过转换为一般形式然后写出对偶问题;或者直接根据原问题与对偶问题对应关系表格写出对偶问题。

(2)原问题与对偶问题如果都有最优值,则最优值相等;在最终的最优单纯形表中,检验数的相反数为对偶问题的最优解。

(3)对偶变量是边际价格或者机会成本,随着环境的变化而发生变化。

(4)在线性规划的单纯形表中如果原问题是非可行解,对偶问题是基可行解时采用对偶单纯形法,这时 $\min\{\sigma_j = c_j - z_j\}$ 作为换出基变量,$\theta = \min\left\{\dfrac{c_j - z_j}{a_{lk}} \mid a_{lk} < 0\right\}$ 作为换入变量,通过行变换把基变量的系数矩阵变为单位阵。

(5)灵敏度分析就是把个别参数的变化直接在最优解的单纯形表上反映出来。主要计算依据为 $\Delta b^* = B^{-1}\Delta b, \Delta P_i^* = B^{-1}\Delta P_i, \Delta(c_j - z_j)^* = \Delta(c_j - z_j) - \sum\limits_{i=1}^{m} a_{ij}y_i^*$。

思考与练习

1. 判断下列说法是否正确，为什么？

（1）如果线性规划的原问题存在可行解，则其对偶问题也一定存在可行解。

（2）若线性规划的原问题和其对偶问题都有最优解，则最优解一定相等。

（3）如果线性规划的对偶问题无可行解，则原问题也一定无可行解。

（4）在互为对偶的一对原问题与对偶问题中，不管原问题是求极大还是极小，原问题可行解的目标函数值一定不超过其对偶问题可行解的目标函数值。

（5）若某种资源影子价格为零，则该资源一定有剩余。

（6）任何对偶问题具有唯一的原问题。

（7）已知 y_i^* 为线性规划的对偶问题的最优解，若 $y_i^* > 0$，说明在最优生产计划中第 i 种资源已完全耗尽。

（8）原问题可行，对偶问题不可行时，可以用对偶单纯形法。

（9）若某种资源的影子价格等于 k，在其他条件不变的情况下，当该种资源增加 5 个单位时，相应的目标函数值将增大 $5k$。

（10）应用对偶单纯形法进行计算时，若单纯形表中某一变量 $x_i < 0$，又 x_i 所在行的元素全部大于或等于零，则可以判断其对偶问题具有无界解。

2. 写出下列线性规划问题的对偶问题。

$$\min z = 2x_1 + 2x_2 + 4x_3$$

（1）$\text{s. t.}\begin{cases} x_1 + 3x_2 + 4x_3 \geqslant 2 \\ 2x_1 + x_2 + 3x_3 \leqslant 3 \\ x_1 + 4x_2 + 3x_3 = 5 \\ x_1, x_2 \geqslant 0, x_3 \text{ 无约束} \end{cases}$

$$\max z = 52x_1 + 6x_2 + 3x_3$$

（2）$\text{s. t.}\begin{cases} x_1 + 2x_2 + 2x_3 = 5 \\ -x_1 + 5x_2 - x_3 \geqslant 3 \\ 4x_1 + 7x_2 + 3x_3 \leqslant 8 \\ x_1 \text{ 无约束}, x_2 \geqslant 0, x_3 \leqslant 0 \end{cases}$

$$\max z = x_1 + 2x_2 + 3x_3 + 4x_4$$

（3）$\text{s. t.}\begin{cases} -x_1 + x_2 - x_3 - 3x_4 = 5 \\ 6x_1 + 7x_2 + 3x_3 - 5x_4 \geqslant 8 \\ 12x_1 - 9x_2 - 9x_3 + 9x_4 \leqslant 20 \\ x_1, x_2 \geqslant 0, x_3 \leqslant 0, x_4 \text{ 无约束} \end{cases}$

$$\min z = x_1 + x_2 + 2x_3$$

（4）$\text{s. t.}\begin{cases} x_1 + 2x_2 + 3x_3 \geqslant 2 \\ 2x_1 + x_2 - x_3 \leqslant 4 \\ 3x_1 + 2x_2 + 4x_3 \leqslant 6 \\ x_1, x_2, x_3 \geqslant 0 \end{cases}$

3. 已知线性规划问题

$$\max z = x_1 + 2x_2 + 3x_3 + 4x_4$$

$$\text{s. t.}\begin{cases} x_1 + 2x_2 + 2x_3 + 3x_4 \leqslant 20 \\ 2x_1 + x_2 + 3x_3 + 2x_4 \leqslant 20 \\ x_j \geqslant 0, j = 1, 2, 3, 4 \end{cases}$$

其对偶问题的最优解 $y_1^* = 1.2, y_2^* = 0.2$，由对偶理论直接求出原问题的最优解。

4. 对于线性规划问题

$$\max z = 3x_1 + 4x_2 - 3x_3$$

$$\text{s.t.} \begin{cases} x_1 + 2x_2 + x_3 \leqslant 9 \\ -2x_1 + x_2 + x_3 \geqslant 3 \\ x_1 + x_2 + 4x_3 = 6 \\ x_1, x_2, x_3 \geqslant 0 \end{cases}$$

(1) 写出上述线性规划问题的对偶问题。

(2) 求解原问题最优解。

(3) 根据原问题的最优解与互补松弛条件求解对偶问题的最优解。

5. 用对偶单纯形法求解以下线性规划问题。

(1)
$$\min z = 4x_1 + 12x_2 + 8x_3$$
$$\text{s.t.} \begin{cases} x_1 + 3x_3 \geqslant 3 \\ 2x_2 + 2x_3 \geqslant 5 \\ x_1, x_2, x_3 \geqslant 0 \end{cases}$$

(2)
$$\min z = 5x_1 + 2x_2 + 4x_3$$
$$\text{s.t.} \begin{cases} 3x_1 + x_2 + 2x_3 \geqslant 4 \\ 6x_1 + 3x_2 + 5x_3 \geqslant 10 \\ x_1, x_2, x_3 \geqslant 0 \end{cases}$$

(3)
$$\min w = 15y_1 + 24y_2 + 5y_3$$
$$\text{s.t.} \begin{cases} 6y_2 + y_3 - y_4 = 2 \\ 5y_1 + 2y_2 + y_3 - y_5 = 1 \\ y_j \geqslant 0 \end{cases}$$

(4)
$$\max z = 50x_1 + 100x_2$$
$$\text{s.t.} \begin{cases} x_1 + x_2 + x_3 = 300 \\ 2x_1 + x_2 + x_4 = 400 \\ x_2 + x_5 = 250 \\ x_1, x_2, x_3, x_4, x_5 \geqslant 0 \end{cases}$$

(5)
$$\min z = x_1 + x_2$$
$$\text{s.t.} \begin{cases} 2x_1 + x_2 \geqslant 2 \\ x_1 + 7x_2 \geqslant 7 \\ x_1, x_2 \geqslant 0 \end{cases}$$

(6)
$$\min z = 3x_1 + 2x_2 + x_3 + 4x_4$$
$$\text{s.t.} \begin{cases} 2x_1 + 4x_2 + 5x_3 + x_4 \geqslant 0 \\ 3x_1 - x_2 + 7x_3 - 2x_4 \geqslant 2 \\ 5x_1 + 2x_2 + 3x_3 + 6x_4 \geqslant 15 \\ x_1, x_2, x_3, x_4 \geqslant 0 \end{cases}$$

6. 现有线性规划问题

$$\max z = -5x_1 + 5x_2 + 13x_3$$

$$\text{s.t.} \begin{cases} -x_1 + x_2 + 3x_3 \leqslant 20 \\ 12x_1 + 4x_2 + 10 \leqslant 90 \\ x_1, x_2, x_3 \geqslant 0 \end{cases}$$

(1) 用单纯形法求出最优解,然后分析在下列各种条件下,最优解分别有什么变化?

(2) 约束条件 1 的右端常数由 20 变为了 30。

(3) 约束条件 2 的右端常数由 90 变为了 70。

(4) 目标函数中 x_3 的系数由 13 变为了 8。

(5) 增加一个约束条件 $2x_1 + 3x_2 + 5x_3 \leqslant 50$。

(6) 将原来的第 2 个约束条件改为 $10x_1 + 5x_2 + 10x_3 \leqslant 100$。

7. 现有线性规划问题

$$\max z = 3x_1 + 2x_2$$

$$s.t. \begin{cases} x_1 + 2x_2 \leqslant 6 \\ x_1 + x_2 \leqslant 8 \\ -x_1 + x_2 \leqslant 1 \\ x_2 \leqslant 2 \\ x_1, x_2 \geqslant 0 \end{cases}$$

用单纯形法求出最优解,并分析在下列各种条件下的最优解的变化。

(1) 目标函数中 x_1、x_3 的系数分别在什么范围内变化时,问题最优解不变。

(2) 4 个约束端分别在什么范围变化时,问题最优解不变。

(3) 增加一个变量 x_7,其在目标函数中的系数 $c_7 = 4$,$\mathbf{P}_7 = (1, 2, 3, 2)^T$,重新确定最优解。

(4) 增加一个新的约束 $x_1 \leqslant 3$,并重新确定最优解。

案例分析

泰康食品公司的优化决策

泰康食品公司生产两种点心Ⅰ和Ⅱ,采用原料 A 和 B。已知生产每盒产品Ⅰ和Ⅱ时消耗的原料数、原料单价、月供应量及两种点心的批发价如表 3-14 所示。

表 3-14 产品资料

原料数	产品		月供应量/t	单价/(千元/t)
	Ⅰ	Ⅱ		
A /kg	1	2	6	9.9
B /kg	2	1	8	6.6
批发价/(千元/千盒)	30	20		

据市场估计,产品Ⅱ月销量不超过 2000 盒,且其销量不会超过产品Ⅰ1000 盒以上。

(1) 要求计算使销售收入最大的计划安排。

(2) 据一项新的调查,两种点心销量近期内总数可增长 25%,相应原材料供应有保障,围绕增产计划存在两种不同意见:

① 按销售收入最大计算出来的产量,相应增加产品Ⅰ和Ⅱ各 25%;

② 生产排程人员提出,他计算得到原材料 A、B 在销售收入最大下的影子价格分别为 3.33 千元/t 和 13.33 千元/t,平均为 $\frac{1}{2} \times (3.33 + 13.33)$ 千元/t = 8.33 千元/t。如按销售收入最大得到的总批发收入增加 25%,应为 $126.67 \times 25\%$ 千元 = 31.6675 千元,提出原材料 A 和 B 各增加 3.8 t,以此安排增产计划。

试对上述两种意见发表你的看法。

57

第四章 →

运输问题

学习导引

　　在经济活动中，经常会遇到大批物资调运，如煤、木材、钢铁、粮食等的调运，这种发生在企业之间以及地区之间的物资调运一般来说与运输距离有关，在组织运输时，必须选择合理的物资调运方案。如果物资的产地是多个地方，销地也是多个地方，需求的数量也是各不相同时，如何根据具体条件科学地决定经济调运方案是运输工作组织中十分重要的问题，通过本章的学习，应掌握这类问题的求解。

学习重点

通过本章学习，重点掌握以下知识要点：
1. 运输问题的数学模型以及特征；
2. 求解运输问题的初始调运方案的最小元素法与伏格法；
3. 运用闭回路法与位势法求检验数；
4. 调运方案的调整。

　　本章将要讨论一类特殊的线性规划问题——运输问题。它是从最早的物资调运中提取出来的。这类线性规划问题，它们的约束条件的系数矩阵具有特殊的结构，可以找到比单纯形法更简单的计算方法，本章的运输问题就是属于这样一类特殊的线性规划问题。

第一节　运输问题的数学模型

　　例 1　某企业生产某种产品，该企业有三个加工厂 A_1、A_2、A_3 生产同一种产品，该产品的产量分别为 3 吨、6 吨、6 吨，需要将这些产品分别运送到四个销地 B_1、B_2、B_3、B_4，四个销地的需求量为 4 吨、3 吨、4 吨、4 吨，从工厂运送到销地的单位运价如表 4-1 所示。问：该企业应如何调运，在满足各销地需求量的情况下使总的运费最小？

表 4-1 单位运价以及产销量表

项目		销地				产量
		B_1	B_2	B_3	B_4	
产地	A_1	2	2	2	1	3
	A_2	10	8	5	4	6
	A_3	7	6	6	8	6
销量		4	3	4	4	

注:运价单位为"百元/吨",产量和销量单位为"吨",余同。

若设 x_{ij} 为从产地 A_i 到销地 B_j 的产品运输量,则该运输问题的线性规划模型为

$$\min z = 2x_{11} + 2x_{12} + 2x_{13} + x_{14} + 10x_{21} + 8x_{22} + 5x_{23} + 4x_{24}$$
$$+ 7x_{31} + 6x_{32} + 6x_{33} + 8x_{34}$$

$$\text{s. t.} \begin{cases} x_{11} + x_{12} + x_{13} + x_{14} = 3 \\ x_{21} + x_{22} + x_{23} + x_{24} = 6 \\ x_{31} + x_{32} + x_{33} + x_{34} = 6 \\ x_{11} + x_{21} + x_{31} = 4 \\ x_{12} + x_{22} + x_{32} = 3 \\ x_{13} + x_{23} + x_{33} = 4 \\ x_{14} + x_{24} + x_{34} = 4 \\ x_{ij} \geqslant 0, i = 1,2,3; j = 1,2,3,4 \end{cases}$$

从此模型可以看出,运输问题是线性规划的一个重要应用,也是一类特殊的线性规划问题,它的约束方程组的系数矩阵具有特殊的结构,可以找到比单纯形法更为简便的求解方法。

下面我们给出一般的运输问题的数学模型:

已知有 m 个生产地点 $A_i(i = 1,2,\cdots,m)$ 可供应某种物资,其供应量(产量)分别为 $a_i(i = 1,2,\cdots,m)$,有 n 个销地 $B_j(j = 1,2,\cdots,n)$,其销量分别为 $b_j(j = 1,2,\cdots,n)$,从 A_i 运输物资到 B_j 的单位运价(单价)为 c_{ij},这些数据可汇总于如表 4-2 所示的单位运价以及产销量表中。

表 4-2 运输问题的单位运价以及产销量表

项目		销地				产量
		1	2	$\cdots$	n	
产地	A_1	c_{11}	c_{12}	$\cdots$	c_{1n}	a_1
	A_2	c_{21}	c_{22}	$\cdots$	c_{2n}	a_2
	$\vdots$	$\vdots$	$\vdots$	$\vdots$	$\vdots$	$\vdots$
	A_m	c_{m1}	c_{m2}	$\cdots$	c_{mn}	a_m
销量		b_1	b_2	$\cdots$	b_n	

若用 x_{ij} 表示从产地 A_i 到销地 B_j 的运量,那么在产销平衡的条件下,即 $\sum_{i=1}^{m} a_i = \sum_{j=1}^{n} b_j$,要求得总运费最小的调运方案,则可表示为以下数学模型:

$$\min z = \sum_{i=1}^{m} \sum_{j=1}^{n} c_{ij} x_{ij}$$

$$\text{s. t.} \begin{cases} \sum_{j=1}^{n} x_{ij} = a_i & (i=1,2,\cdots,m) \\ \sum_{i=1}^{m} x_{ij} = b_j & (j=1,2,\cdots,n) \\ x_{ij} \geqslant 0 \end{cases}$$

将上面的数学模型写成矩阵形式,即

$$\min z = \boldsymbol{CX}$$

$$\text{s. t.} \begin{cases} \boldsymbol{AX} = \boldsymbol{b} \\ \boldsymbol{X} \geqslant \boldsymbol{0} \end{cases}$$

式中:$\boldsymbol{C} = (c_{11}, c_{12}, \cdots, c_{1n}, c_{21}, c_{22}, \cdots, c_{2n}, \cdots, c_{m1}, c_{m2}, \cdots, c_{mn})$;

$\boldsymbol{X} = (x_{11}, x_{12}, \cdots, x_{1n}, x_{21}, x_{22}, \cdots, x_{2n}, \cdots, x_{m1}, x_{m2}, \cdots, x_{mn})^{\mathrm{T}}$;

$\boldsymbol{b} = (a_1, a_2, \cdots a_m, b_1, b_2, \cdots, b_n)^{\mathrm{T}}$。

$$\boldsymbol{A} = \begin{bmatrix} 1 & 1 & \cdots & 1 & & & & & & & & \\ & & & & 1 & 1 & \cdots & 1 & & & & \\ & & & & & & & & \ddots & & & \\ & & & & & & & & & 1 & 1 & \cdots & 1 \\ 1 & & & & 1 & & & & 1 & & & \\ & 1 & & & & 1 & & & & 1 & & \\ & & \ddots & & & & \ddots & & & & \ddots & \\ & & & 1 & & & & 1 & & & & 1 \end{bmatrix} \begin{array}{l} \left.\vphantom{\begin{matrix}1\\1\\1\\1\end{matrix}}\right\} m\ \text{行} \\ \left.\vphantom{\begin{matrix}1\\1\\1\\1\end{matrix}}\right\} n\ \text{行} \end{array}$$

在运输问题的模型中包含 $m \times n$ 个变量,$(m+n)$ 个约束方程,其系数矩阵 $\boldsymbol{A}$ 的结构比较松散,该系数矩阵中对应于变量 x_{ij} 的系数为向量 $\boldsymbol{P}_{ij}$,其分量中除第 i 个和第 $(m+j)$ 个为 1 以外,其余的都为零,即 $\boldsymbol{P}_{ij} = (0 \cdots 1 \cdots 1 \cdots 0)^{\mathrm{T}} = \boldsymbol{e}_i + \boldsymbol{e}_{m+j}$。

对产销平衡的运输问题,由于有以下关系式存在

$$\sum_{j=1}^{n} b_j = \sum_{i=1}^{m} \left(\sum_{j=1}^{n} x_{ij} \right) = \sum_{j=1}^{n} \left(\sum_{i=1}^{m} x_{ij} \right) = \sum_{i=1}^{m} a_i$$

可以证明该运输模型有且只有 $(m+n-1)$ 个独立约束方程。即 $r(\boldsymbol{A}) = m+n-1$,由于有以上特征,因此求解运输问题时可用比较简便的计算方法,习惯上称为表上作业法。

第二节　表上作业法

表上作业法是单纯形法在求解产销平衡的运输问题时的一种简化方法,其实质仍是单纯形法,但具体计算和术语有所不同。具体步骤如下:

(1) 找出初始基可行解,即在 $m \times n$ 产销平衡表上给出 $(m+n-1)$ 个数字格(基变量)。

(2) 求各非基变量(空格)的检验数,即在表上计算空格的检验数,判别是否达到最优解。如果是最优解,则停止计算,否则进入下一步。

(3) 在表上用闭回路法确定换入变量和换出变量,找出新的基可行解;

(4) 重复(2)(3)直到得到最优解为止。

以上运算都可以在表上完成。下面通过例 1 说明表上作业法的方法与步骤。

一、确定初始基可行解

确定初始基可行解的方法很多,一般希望方法既简便,又能尽可能接近最优解。下面介绍两种方法:最小元素法和伏格法(Vogel)。

1. 最小元素法

最小元素法的基本思想是就近供应,即从单位运价表中最小的运价处开始确定供求关系,然后次小,直到给出初始基可行解为止。下面对例1用最小元素法给出初始调运方案。

第一步,在表4-3中找到最小运价1,这表示将A_1产品优先供应给B_4,此时最多可以供给B_4 3吨,A_1已无余量,划去运价表中A_1行,如表4-3所示。

表4-3 最小元素法:A_1行的确定

项目		销地				产量
		B_1	B_2	B_3	B_4	
产地	A_1	2	2	2	1③	3
	A_2	10	8	5	4	6
	A_3	7	6	6	8	6
销量		4	3	4	4	

第二步,从表4-3未划去的元素中找出最小运价4,确定A_2优先供应B_4,但B_4已满足了3吨,只需要1吨即可,这时B_4已满足,划去B_4,如表4-4所示。

表4-4 最小元素法:B_4列的确定

项目		销地				产量
		B_1	B_2	B_3	B_4	
产地	A_1	2	2	2	1③	3
	A_2	10	8	5	4①	6
	A_3	7	6	6	8	6
销量		4	3	4	4	

第三步,在表4-4未划去的元素中找出最小运价5,满足它的调配,这样一步步进行下去,直到单位运价表上的所有元素划去为止。最后在产销平衡表上得到一个调运方案,如表4-5所示。该方案的运输总费用为:

$$z = 1 \times 10 + 3 \times 7 + 3 \times 6 + 4 \times 5 + 1 \times 4 + 3 \times 1 = 76$$

表4-5 最小元素法:初始调配方案

项目		销地				产量
		B_1	B_2	B_3	B_4	
产地	A_1				③	3
	A_2	①		④	①	6
	A_3	③	③			6
销量		4	3	4	4	

在调运方案中有打圈数字的叫数格,无打圈数字的格称为空格。一个合理的调运方案中

数格的个数应为$(m+n-1)$个。用最小元素法给出的初始解是运输问题的基可行解,其理由是:

(1)用最小元素法给出的初始解是从单位运价表中逐次地挑选最小元素,并比较产量和销量得到的。当产大于销,划去该元素所在的列。当产小于销,划去该元素所在的行。然后在未划去的元素中再找最小元素,确定供应关系。这样在产销平衡表上每填入一个数字,在运价表上就划去一行或一列。表中共有m行n列,总共可划$(m+n)$条直线。但当表中只剩下一个元素时,应在产销平衡表上填这个数字,同时在运价表上划去一行一列。此时,单价表上所有元素都被划去了,相应填写了$(m+n-1)$个数字,即给出了$(m+n-1)$个基变量的值。

(2)这$(m+n-1)$个基变量相应的系数列向量是线性独立的。

证:若表中确定的第一个基变量为$x_{i_1j_1}$,它对应的系数列向量为

$$x_{i_1j_1} = e_{i_1} + e_{m+j_1}$$

因当给定$x_{i_1j_1}$的值后,将划去第i_1行或第j_1列,即其后的系数向量中再不出现e_{i_1}或者e_{m+j_1},因而$P_{i_1j_1}$不可能用解中的其他向量的线性组合表示。类似地给出第2个,第3个,…,第$(m+n-1)$个。这$(m+n-1)$个向量都不可能用解中的其他向量的线性组合表示,故这$(m+n-1)$个向量是线性独立的。

用最小元素给出初始解时,有可能在单位运价表上填入一个数字后,会出现表上同时划去一列和一行的情况。这时为了使调运方案中数格仍为$(m+n-1)$个,需要在同时划去的行或列的任一空格位置补填一个零,这个补填的零仍被当作数格看待。下面以例子说明。

例2 用最小元素法求如表4-6所示的运输问题的初始调运方案。

表4-6　单位运价以及产销量表

项目		销地				产量
		B_1	B_2	B_3	B_4	
产地	A_1	6	5	3	4	4
	A_2	4	4	7	5	6
	A_3	7	6	5	8	3
销量		2	4	3	4	

解:首先找出最小元素3,在(A_1,B_3)填入3,划去B_3列;然后在未划线的元素中找最小元素,三个4任选一个,选择(A_2,B_1)填入2,划去B_1列;再在最小的2个4中任选一个,选择(A_2,B_2)填入4,这时满足了A_2行和B_2列,必须在A_2行和B_2列中的空格任选一个填写零,如在(A_1,B_2)、(A_3,B_2)、(A_2,B_3)、(A_2,B_4)中选(A_2,B_4)填零,如表4-7所示。继续找最小元素满足调运,即可得到最终调运方案,如表4-8所示。

表4-7　最小元素法添零

项目		销地				产量
		B_1	B_2	B_3	B_4	
产地	A_1	6	5	3③	4	4
	A_2	4②	4④	7	5⓪	6
	A_3	7	6	5	8	3
销量		2	4	3	4	

表 4-8　最小元素法的初始调运方案

项目		销地				产量
		B_1	B_2	B_3	B_4	
产地	A_1			③	①	4
	A_2	②	④		⓪	6
	A_3				③	3
销量		2	4	3	4	

该调运方案的最小运费为：

$$z = 2 \times 4 + 4 \times 4 + 3 \times 3 + 1 \times 4 + 3 \times 8 = 61$$

2. 伏格法

最小元素法的缺点是为了节省某一处的费用,有时在其他处要多花几倍的运费。伏格法考虑到一产地的产品若不能按最小运费就近供应,就考虑次小运费,这就有一个差额。差额越大,说明不能按最小运费调运时,运费增加越多。因而对差额最大处,就应当采用最小运费调运。伏格法的计算步骤如下：

(1) 分别计算表中各行和各列的最小运费与次小运费的差额,并填入表中的最右列和最下行;

(2) 从行和列的差额中选出最大者,选择其所在行或列中的最小元素,按类似于最小元素法优先供应并划去相应的行或列;

(3) 对表中未划去的元素,重复(1)与(2),直到所有的行和列划完为止。

下面仍以例 1 来说明伏格法的具体应用。具体操作步骤如下：

(1) 在表 4-9 中分别计算出各行和各列的最小运费与次小运费的差额,如表 4-9 所示,其中列 B_1 的差值 5 最大,B_1 列的最小单位运费是 2 在 (A_1, B_1) 格,可确定 A_1 的产品优先供应 B_1 的需要,在 (A_1, B_1) 格填上运量 3,同时划掉 A_1 行。

表 4-9　伏格法：行列差额以及 A_1 行运量的确定

项目		销地				产量	行差额			
		B_1	B_2	B_3	B_4		①	②	③	④
产地	A_1	③2	2	2	1	3	1			
	A_2	10	8	5	4	6	1			
	A_3	7	6	6	8	6	0			
销量		4	3	4	4					
列差额	①	5	4	3	3					
	②									
	③									
	④									

(2) 对表 4-9 中未划去的行或者列再分别计算出各行各列的最小运费和次小运费的差额,并填入表中。如表 4-10 所示列 B_4 的差值最大,在该列中未划去的最小单位运费是 4 在 (A_2, B_4),而 A_2 产量满足销地 B_4,在 (A_2, B_4) 格中填入销量数字 4,B_4 得到满足划去 B_4 列。重复以上步骤,得到如表 4-11 所示的调运方案。

表 4-10 伏格法：B_4 列运量的确定

项目		销地				产量	行差额			
		B_1	B_2	B_3	B_4		①	②	③	④
产地	A_1	③2	2	2	1	3	1			
	A_2	10	8	5	4④	6	1	1		
	A_3	7	6	6	8	6	0	0		
销量		4	3	4	4					
列差额	①	5	4	3	3					
	②	3	2	1	4					
	③									
	④									

表 4-11 伏格法：初始调运方案

项目		销地				产量	行差额			
		B_1	B_2	B_3	B_4		①	②	③	④
产地	A_1	③				3	1			
	A_2			②	④	6	1	1	3	
	A_3	①	③	②		6	0	0	0	
销量		4	3	4	4					
列差额	①	5	4	3	3					
	②	3	2	1	4					
	③	3	2	1						
	④									

该调运方案的运费为

$$z = 3 \times 2 + 1 \times 7 + 3 \times 6 + 2 \times 5 + 2 \times 6 + 4 \times 4 = 69$$

由此可见伏格法同最小元素法除了确定供求关系的原则不同外，其余步骤相同。伏格法给出的初始调运方案比用最小元素法给出的初始调运方案更接近最优解。

二、最优解的判别

判别的方法是计算空格（非基变量）的检验数 $c_{ij} - C_B B^{-1} P_{ij}$，$i, j \in N$。因运输问题的目标函数是要实现最小化，故当所有的 $c_{ij} - C_B B^{-1} P_{ij} \geqslant 0$ 时为最优解。求检验数的方法有两种：闭回路法和位势法。

1. 闭回路法

闭回路是指调运方案中由一个空格和若干个数格的水平和垂直线包围成的封闭回路，一般在一个有基可行解方案的运输表上，一条闭回路是以空格为起点，用水平或垂直的线向前划，每碰到一数格可以转 90°弯后继续前进，直到回到起点为止的一条闭合折线。最简单的闭回路是矩形，但随着运输问题的复杂，闭回路的图形会变得复杂，具体如图 4-1 所示。理论上已经可以证明一个基可行解对应的调运方案中，每一个空格只有一个闭回路。

构建闭回路的目的是要计算基可行解中各非基变量（空格）的检验数，方法是令某非基变量增加 1 单位运量，通过变化原基变量的值找出一个新的可行解，将其同原来的基可行解目标

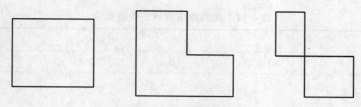

图 4-1　图示闭回路

函数值的变化比较。如通过例 1 中最小元素法计算的初始调运方案来讲述如何计算检验数。

在表 4-12 中 (A_1, B_1) 是空格,即 x_{11} 是非基变量。按照闭回路的定义,可以由 (A_1, B_1)、(A_1, B_4)、(A_2, B_1)、(A_2, B_4) 组成闭回路,如表 4-12 虚线所示,如果 (A_1, B_1) 增加运量 1 个单位即 $x_{11} = 1$,为了保持产销平衡,(A_1, B_4) 减少 1 个单位的运量,(A_2, B_4) 增加 1 个单位的运量,(A_2, B_1) 减少一个单位的运量,这时增加的运费为 $(2 - 1 + 4 - 10 = -5)$,这表明 (A_1, B_1) 增加一个运量,将会使目标函数减少 5 个单位,因此 (A_1, B_1) 的检验数 $\sigma_{11} = c_{11} - c_{14} + c_{24} - c_{21} = -5$。

表 4-12　闭回路法求 (A_1, B_1) 检验数

项目		销地				产量
		B_1	B_2	B_3	B_4	
产地	A_1	2 (+1)	2	2	1 ③(−1)	3
	A_2	10 ①(−1)	8	5 ④	4 ①(+1)	6
	A_3	7 ③	6 ③	6	8	6
销量		4	3	4	4	

同样可以划出 (A_1, B_2) 的闭回路,如表 4-13 所示,该闭回路就比一般矩阵复杂,它的检验数为:

$$\sigma_{12} = c_{12} - c_{14} + c_{24} - c_{21} + c_{31} - c_{32} = 2 - 1 + 4 - 10 + 7 - 6 = -4$$

表 4-13　闭回路法求 (A_1, B_2) 检验数

项目		销地				产量
		B_1	B_2	B_3	B_4	
产地	A_1	2	2	2	1 ③	3
	A_2	10 ①	8	5 ④	4 ①	6
	A_3	7 ③	6 ③	6	8	6
销量		4	3	4	4	

类似可以计算其他空格的检验数,得出整个初始调运方案的检验数如表 4-14 所示。

表 4-14　闭回路法求解的检验数表

项目		销地			
		B_1	B_2	B_3	B_4
产地	A_1	-5	-4	0	
	A_2		-1		
	A_3			4	7

从表 4-14 可以看出,共有 3 个负的检验数,故这个初始调运方案不是最优方案。

2. 位势法

用闭回路法求检验数时,需要给每个空格找一条闭回路。当产销点很多时,这种方法的计算工作量较大,而且没有规律,不适合计算机求解。位势法相对来说更简便,便于计算。

由线性规划的对偶理论知,$\boldsymbol{C_B B}^{-1}$ 表示运输问题 $(m+n)$ 个约束条件的对偶变量向量,设其分量为 $u_1,u_2,\cdots,u_m,v_1,v_2,\cdots,v_n$。因为检验数 $\sigma_{ij}=c_{ij}-\boldsymbol{C_B B}^{-1}\boldsymbol{P}_{ij}$,而 $\boldsymbol{P}_{ij}=e_i+e_{m+j}$,所以 $\sigma_{ij}=c_{ij}-(u_i+v_j)$。其中基变量的检验数 $\sigma_{ij}=c_{ij}-(u_i+v_j)=0$,因而 $(m+n)$ 个变量可以形成 $(m+n-1)$ 个方程,且其中含有一个自由变量,令这个自由变量为某一确定的基准值,可得到 u_i 和 v_j 的值,其中 $i=1,2,\cdots,m,j=1,2,\cdots,n$。从而可以求出非基变量(空格)的检验数,下面仍以例 1 中的最小元素法的初始调运方案用位势法求检验数。

在表的右侧以及下方分别加一列和一行,如表 4-15 所示,一般令 $u_1=0$,对于基变量格(数格)有 $c_{ij}=u_i+v_j$,可以列出如下方程组,求出相应的 u_i 和 v_j 的值。

$$\begin{cases} u_1+v_4=1 \\ u_2+v_4=4 \\ u_2+v_3=5 \\ u_2+v_1=10 \\ u_3+v_1=7 \\ u_3+v_2=6 \end{cases} \quad 可以得到 \begin{cases} u_2=3 \\ u_3=0 \\ v_1=7 \\ v_2=6 \\ v_3=2 \\ v_4=1 \end{cases}$$

表 4-15　位势法求检验数

项目		销地				产量	u_i
		B_1	B_2	B_3	B_4		
产地	A_1	2	2	2	1 ③	3	0
	A_2	10 ①	8	5 ④	4 ①	6	3
	A_3	7 ③	6 ③	6	8	6	0
销量		4	3	4	4		
v_j		7	6	2	1		

知道了 u_i、v_j 的值,就很容易根据 $\sigma_{ij}=c_{ij}-(u_i+v_j)$ 算出非基变量(空格)的检验数。

$$\sigma_{11}=c_{11}-(u_1+v_1)=2-0-7=-5$$

$$\sigma_{12} = c_{12} - (u_1 + v_2) = 2 - 0 - 6 = -4$$
$$\sigma_{13} = c_{13} - (u_1 + v_3) = 2 - 0 - 2 = 0$$
$$\sigma_{22} = c_{22} - (u_2 + v_2) = 8 - 3 - 6 = -1$$
$$\sigma_{33} = c_{33} - (u_3 + v_3) = 6 - 0 - 2 = 4$$
$$\sigma_{34} = c_{34} - (u_3 + v_4) = 8 - 0 - 1 = 7$$

此时所算出的检验数与闭回路法算出的检验数是完全一致的。

三、调运方案的调整

当在运输表中空格处出现负检验数时,表明当前方案不是最优方案,必须对其进行调整。具体调整的方法如下:若有两个或两个以上的负检验数时,一般选其中绝对值最大的负检验数,以它对应的格为调入格,然后在此空格的闭回路中对运量进行最大可能的调整。

如表 4-16 所示的调运方案,从本章第一节已知(空格)非基变量检验数,其中 (A_1, B_1) 的检验数最小,以 (A_1, B_1) 为调入格,需要增加运量,(A_1, B_4) 需要减少运量,(A_2, B_1) 需要减少运量,(A_2, B_4) 需要增加运量,则在 (A_1, B_1) 格的闭回路上调整的最大量 $\theta = \min\{(A_1, B_4)$ 的运量,(A_2, B_1) 的运量$\} = \min\{3, 1\} = 1$。调整后的方案如表 4-17 所示,利用位势法重新计算检验数如表 4-18 所示。

表 4-16　初始调运方案及调整

项目		销地				产量
		B_1	B_2	B_3	B_4	
产地	A_1	2 (+1)	2	2	1 ③(−1)	3
	A_2	10 ①(−1)	8	5 ④	4 ①(+1)	6
	A_3	7 ③	6 ③	6	8	6
销量		4	3	4	4	

表 4-17　第一次调整后的调运方案

项目		销地				产量
		B_1	B_2	B_3	B_4	
产地	A_1	2 ①	2	2	1 ②	3
	A_2	10	8	5 ④	4 ②	6
	A_3	7 ③	6 ③	6	8	6
销量		4	3	4	4	

表 4-18 第一次调整后的检验数

项目		销地			
		B_1	B_2	B_3	B_4
产地	A_1		1	0	
	A_2	5	4		
	A_3			−1	2

从检验数表可以看出,检验数没有全部大于等于零,需要进行第二次调整。因空格(A_3, B_3)检验数为负,因此以(A_3, B_3)为起始点做闭回路,如表 4-19 所示。该闭合回路中最大可调整量为 2,得到表 4-20 的调整方案,该调整方案的检验数如表 4-21 所示。

表 4-19 第二次调整的闭回路

项目		销地				产量
		B_1	B_2	B_3	B_4	
产地	A_1	2 ①	2	2	1 ②	3
	A_2	10	8	5 ④	4 ②	6
	A_3	7 ③	6 ③	6	8	6
销量		4	3	4	4	

表 4-20 第二次调整后的调运方案

项目		销地				产量
		B_1	B_2	B_3	B_4	
产地	A_1	2 ③	2	2	1	3
	A_2	10	8	5 ②	4 ④	6
	A_3	7 ①	6 ③	6 ②	8	6
销量		4	3	4	4	

表 4-21 第二次调整后的检验数表

项目		销地			
		B_1	B_2	B_3	B_4
产地	A_1		1	1	1
	A_2	4	3		
	A_3				3

表 4-21 中所有的空格所对应的检验数都大于零,说明这个方案已为最优调运方案,此时总运费为

$$z = 3 \times 2 + 1 \times 7 + 3 \times 6 + 2 \times 5 + 2 \times 6 + 4 \times 4 = 69$$

第三节 产销不平衡的运输问题及其解法

前面讲的表上作业法,都是以产销平衡,即 $\sum_{i=1}^{m} a_i = \sum_{j=1}^{n} b_j$ 为前提的。但是实际问题中产销往往是不平衡的,就需要把产销不平衡的问题转化成产销平衡的问题。

当产大于销($\sum_{i=1}^{m} a_i > \sum_{j=1}^{n} b_j$)时,运输问题的数学模型可写为

$$\min z = \sum_{i=1}^{m} \sum_{j=1}^{n} c_{ij} x_{ij}$$

$$\text{s. t.} \begin{cases} \sum_{j=0}^{n} x_{ij} \leqslant a_i & (i = 1, 2, \cdots, m) \\ \sum_{i=0}^{m} x_{ij} = b_j & (j = 1, 2 \cdots, n) \\ x_{ij} \geqslant 0 \end{cases}$$

由于总的产量大于销量,就要考虑多余的物资在哪一个产地就地贮存的问题。设 $x_{i,n+1}$ 是产地 A_i 的贮存量,于是有

$$\sum_{j=1}^{n} x_{ij} + x_{i,n+1} = \sum_{j=1}^{n+1} x_{ij} = a_i \quad (i = 1, 2, \cdots, m)$$

$$\sum_{i=1}^{m} x_{ij} = b_j \quad (j = 1, 2, \cdots, n)$$

$$\sum_{i=1}^{m} x_{i,n+1} = \sum_{i=1}^{m} a_i - \sum_{j=1}^{n} b_j = b_{n+1}$$

当 $i = 1, 2, \cdots, m, j = 1, 2, \cdots, n$ 时,目标函数系数为 c_{ij};而 $i = 1, 2, \cdots, m, j = n+1$ 时目标函数系数为零,因此代入产销不平衡的运输模型中,得到

$$\min z' = \sum_{i=1}^{m} \sum_{j=1}^{n+1} c'_{ij} x_{ij} = \sum_{i=1}^{m} \sum_{j=1}^{n} c'_{ij} x_{ij} + \sum_{i=1}^{m} c'_{i,n+1} x_{ij} = \sum_{i=1}^{m} \sum_{j=1}^{n} c_{ij} x_{ij}$$

$$\text{s. t.} \begin{cases} \sum_{j=1}^{n+1} x_{ij} = a_i & (i = 1, 2, \cdots, m) \\ \sum_{i=1}^{m} x_{ij} = b_j & (j = 1, 2, \cdots, n) \\ x_{ij} \geqslant 0 \end{cases}$$

由于这个模型中

$$\sum_{i=1}^{m} a_i = \sum_{j=1}^{n} b_j + b_{n+1} = \sum_{j=1}^{n+1} b_j$$

所以这是一个产销平衡的运输问题。

当产大于销时,只要增加一个假想的销地 $j = n+1$(实际上是贮存),该销地总需要量为 $\sum_{i=1}^{m} a_i - \sum_{j=1}^{n} b_j$,在单位运价表中从各产地到假想销地的单位运价为 $c'_{i,n+1} = 0$,就转化成一个产销平衡的运输问题。

类似地,当销大于产时,可以在产销平衡表中增加一个假想的产地 $i = m+1$,该地产量为 $\sum_{j=1}^{n} b_j - \sum_{i=1}^{m} a_i$。在单位运价表上令从该假想产地到各销地的运价 $c'_{m+1,j} = 0$,同样可以转化为一个产销平衡的运输问题。

例 3 设有三个工厂生产某种商品,向四个地区供应。各地区的最低需求以及最高需求如表 4-22 所示,试求出总的运费最省的调运方案。

表 4-22 某商品的运价表以及产销量

项目		销地				产量
		Ⅰ	Ⅱ	Ⅲ	Ⅳ	
产地	A	16	13	22	17	50
	B	14	13	19	15	60
	C	19	20	23		50
最低需求		30	70	0	10	
最高需求		50	70	30	不限	

解: 这是一个产销不平衡的运输问题,总产量为 160 万吨,四个地区的最低需求为 110 吨,最高需求为无限。根据现有产量,Ⅳ地区每年最多能分配到 60 万吨,这样最高需求为 210 万吨,大于产量。为了求得平衡,在产销平衡表中增加一个假想的化肥厂 D,其年产量为 50 万吨。由于各地区的需要量包含两个部分,如地区Ⅰ 30 万吨是最低需求,故不能由假想化肥厂 D 供给,令相应运价为 M(任意大正数),而另一部分 20 万吨满足或不满足均可以,因此可以由假想化肥厂 D 供给,相应的运价为零。对凡是需求分两种情况的地区,实际上可按照两个地区看待。这样可以写出这个问题的运价和产销平衡表,如表 4-23 所示。

表 4-23 某商品的运价以及产销平衡表

项目		销地						产量
		Ⅰ′	Ⅱ″	Ⅱ	Ⅲ	Ⅳ′	Ⅳ″	
产地	A	16	16	13	22	17	17	50
	B	14	14	13	19	15	15	60
	C	19	19	20	23	M	M	50
	D	M	0	M	0	M	0	50
销量		30	20	70	30	10	50	

根据表上作业法,可以求得这个问题的最优方案,如表 4-24 所示。

表 4-24　最优调运方案

项目		销地						产量
		I′	II″	II	III	IV′	IV″	
产地	A			50				50
	B			20		10	30	60
	C	30	20	0				50
	D				30		20	50
销量		30	20	70	30	10	50	

第四节　运输问题的 Excel 求解

使用 Excel 电子表格求解运输问题首先需要在电子表格上构建单位运价表与产销运量表,其次是利用 Excel 的"规划求解"求解运输问题。

例 4　现有表 4-25 所示的单位运价以及产销量表(例 1),利用 Excel 求解该运输问题。

表 4-25　单位运价以及产销量表

项目		销地				产量
		B_1	B_2	B_3	B_4	
产地	A_1	2	2	2	1	3
	A_2	10	8	5	4	6
	A_3	7	6	6	8	6
销量		4	3	4	4	

(1) 在电子表格上建立单位运价表以及产销运量表,如图 4-2 所示,产销运量表即为调运方案表,其中 B9:E11 为决策变量,B3:E5 为单位运价,D16 为目标函数,F9:F11 为各产地运量之和,B12:E12 为各销地运量之和。

	A	B	C	D	E	F	G	H
1				单位运价表				
2		B1	B2	B3	B4			
3	A1	2	2	2	1			
4	A2	10	8	5	4			
5	A3	7	6	6	8			
6								
7				产销运量表				
8		B1	B2	B3	B4			供应量
9	A1					0	=	3
10	A2					0	=	6
11	A3					0	=	6
12		0	0	0	0			
13		=	=	=	=			
14	需求量	4	3	4	4			
15								
16			最优值	0				

图 4-2　运输问题的电子表格模板

（2）在目标函数单元格 D16 输入公式 SUMPRODUCT(B3:E5,B9:E11)；在 F9 中输入公式 SUM(B9:E9)，完成 F10 与 F11；在 B12 中输入公式 SUM(B9:B11)，同样完成 C12 至 E12，得到如图 4-3 所示的带公式的电子表格模板。

	A	B	C	D	E	F	G	H
1				单位运价表				
2		B1	B2	B3	B4			
3	A1	2	2	2	1			
4	A2	10	8	5	4			
5	A3	7	6	6	8			
6								
7				产销运量表				
8		B1	B2	B3	B4			供应量
9	A1					=SUM(B9:E9)	=	3
10	A2					=SUM(B10:E10)	=	6
11	A3					=SUM(B11:E11)	=	6
12		=SUM(B9:B11)	=SUM(C9:C11)	=SUM(D9:D11)	=SUM(E9:E11)			
13		=	=	=	=			
14	需求量	4	3	4	4			
15								
16			最优值	=SUMPRODUCT(B3:E5,B9:E11)				

图 4-3　输入公式后的运输问题模板

（3）利用"规划求解"的参数设置功能进行目标、约束、选项等相关参数的设置，如图 4-4 所示。设置好这些参数后，点击"求解"即得到如图 4-5 所示的最优调运方案。

图 4-4　运输问题规划求解参数设置

	A	B	C	D	E	F	G	H
1		单位运价表						
2		B1	B2	B3	B4			
3	A1	2	2	2	1			
4	A2	10	8	5	4			
5	A3	7	6	6	8			
6								
7		产销运量表						
8		B1	B2	B3	B4			供应量
9	A1	3	0		0	3	=	3
10	A2	0	0	2	4	6	=	6
11	A3	1	3	2	0	6	=	6
12		4	3	4	4			
13		=	=	=	=			
14	需求量	4	3	4	4			
15								
16		最优值	69					

图 4-5 运输问题的最优调运方案

本章小结

（1）运输问题是一类特殊的线性规划问题，是关于 m 个产地 n 个销地的产销平衡问题，它具有 $m \times n$ 个决策变量，$(m+n)$ 个约束方程，该约束方程的最大可能的秩为 $(m+n-1)$ 个。

（2）确定初始调运方案有两种方法：最小元素法与伏格法；最小元素法的基本思想即从单位运价表中最小的运价处开始确定供求关系，然后次小，一直到给出初始基可行解为止；伏格法是计算最小运价与次小运价之差，对差额最大处，就采用最小运价调运。

（3）最优解的判别有两种方法：闭回路法与位势法。有的闭回路会很复杂，因此一般用位势法求检验数。

（4）在调运方案的调整中，一般取检验数最小的非基变量做闭回路，然后在此闭回路中作最大可能运量的调整。

思考与练习

1. 判断如下说法是否正确。

（1）运输问题是一种特殊的线性规划问题，因而求解结果也可能出现下列四种情况之一：有唯一最优解，有无穷多最优解，无界解，无可行解。

（2）在产地数为3，销地数为4的产销平衡问题中，作为初始调运方案基变量的个数必须为6个。

（3）在运输问题中，只要任意给出一组含 $(m+n-1)$ 个非零的 $\{x_{ij}\}$，且满足

$$\sum_{j=1}^{n} x_{ij} = a_i , \sum_{i=1}^{m} x_{ij} = b_j$$ 就可以作为一个初始基可行解。

（4）表上作业法实质上就是求解运输问题的单纯形法。

（5）运输问题中用位势法求得的检验数不唯一。

（6）按最小元素法（或伏格法）给出的初始基可行解，从每一个空格出发可以而且仅能找出唯一的闭回路。

（7）如果运输问题单位运价表的某一行（或某一列）分别加上一个常数 k，最优调运方案将不会发生变化。

（8）产地个数为 m，销地个数为 n 的产销平衡问题，其对偶问题有 $(m+n)$ 个约束。

2. 某公司生产某种产品有 3 个产地 A_1、A_2、A_3，要把产品运送到 4 个销售点 B_1、B_2、B_3、B_4 去销售。各产地的产量、各销地的销量以及各产地运往各销地每吨产品的运费（百元）如表 4-26 所示。试用最小元素法求初始调运方案，并调整为最优方案。

表 4-26　某产品单位运价以及产销量表

项目		销地				产量
		B_1	B_2	B_3	B_4	
产地	A_1	5	11	8	6	750
	A_2	10	19	7	10	210
	A_3	9	14	13	15	600
销量		350	420	530	260	

注：运价单位为"百元/吨"，产销量单位为"吨"，余同。

3. 已知运输问题的产销平衡表与单位运价表如表 4-27、表 4-28 以及表 4-29 所示，试用伏格法求出各问题的初始调运方案，然后调整为最优调运方案。

表 4-27　某产品单位运价以及产销量表

项目		销地				产量
		B_1	B_2	B_3	B_4	
产地	A_1	10	2	20	11	15
	A_2	12	7	9	20	25
	A_3	2	14	16	18	5
销量		5	15	15	10	

表 4-28　某产品单位运价以及产销量表

项目		销地				产量
		B_1	B_2	B_3	B_4	
产地	A_1	8	4	7	2	90
	A_2	5	8	3	5	100
	A_3	7	7	2	9	120
销量		70	50	110	80	

74

表 4-29　某产品单位运价以及产销量表

项目		销地				产量
		B_1	B_2	B_3	B_4	
产地	A_1	9	8	12	13	18
	A_2	10	10	12	14	24
	A_3	8	9	11	12	6
	A_4	10	10	11	12	12
销量		6	14	35	5	

4. 某公司在 3 个产地 A_1、A_2、A_3 生产同一种产品,需要把产品运送到 4 个销售点 B_1、B_2、B_3、B_4 去销售。各分厂的产量、各销地的销量以及各产地运往各销地每吨产品的运费(百元)如表 4-30 所示。试问:应如何调运,可使得总运输费用最小?

表 4-30　某产品单位运价以及产销量表

项目		销地				产量
		B_1	B_2	B_3	B_4	
产地	A_1	21	17	23	25	300
	A_2	10	15	30	19	400
	A_3	23	21	20	22	500
销量		400	250	350	200	

5. 现有如表 4-31 所示的运输问题,求它的最优调运方案。

表 4-31　某产品单位运价以及产销量表

项目		销地				产量
		B_1	B_2	B_3	B_4	
产地	A_1	8	4	1	2	7
	A_2	6	9	4	7	25
	A_3	5	3	4	3	26
销量		10	10	20	15	

6. 某煤炭公司下属三个煤矿,年生产能力分别为 120、160、100 万吨。公司同 3 个城市签订了下年度的供货合同:城市 1 为 110 万吨、城市 2 为 150 万吨、城市 3 为 70 万吨,但城市 3 愿意购买剩余的全部煤炭。另有城市 4 虽未签订合同,但也表示只要公司有剩余煤炭,愿全部收购。已知从各矿至 4 个城市的煤炭单位运价如表 4-32 所示,求它的最优调运方案。

表 4-32　煤炭单位运价表　　　　　　　　　（单位:百元/吨）

项目		城市			
		B_1	B_2	B_3	B_4
产地	A_1	8	7	5	2
	A_2	5	2	1	3
	A_3	6	4	3	5

案例分析

基于运筹学运输模型的固定收益产品投资最优化模型研究[13]

对于具有明确时间起止特征和收益率预期的固定收益产品而言,引入和重构运筹学运输模型,可通过规划求解各种约束条件下固定收益产品有效期内各个时段的投资金额,来制订最优化投资计划。该投资计划能够在同时符合投资资金限制、固定收益产品交易规则以及投资策略的前提下使得收益最大化。

一、模型假设

通常情况下投资者对于其现金流的预测局限于一年期以内,因此我们这里所讨论的固定收益产品主要是指从投资决策时点开始一年以内到期的固定收益产品,主要包括国债、央行票据、商业票据、银行定期存单、政府短期债券、企业债券(信用等级较高)、同业存款等短期有价证券。以上投资标的皆具备两大特性:高安全系数和高稳定收益。投资本金和收益的保障程度高。据此,可提出以下假设:

1)固定收益产品假设

拟投资固定收益产品集合中,每一个产品的起止时间确定,收益率确定。固定收益产品不会出现延期、展期,以及预期收益率低于预期,甚至本金无法兑现的情况。

2)投资现金流假设

投资者可用于投资的若干笔资金的起止时间确定,金额确定。

3)投资成本假设

假设投资成本为常数,投资成本对于最优投资计划的选择无影响。

4)投资收益兑付假设

我们这里假设所有固定收益产品均使用附息方式;假设到期产品收益按预计收益率计算,未到期产品收益按预计收益率及实际持有天数计算;固定收益产品的收益到期立即分配,不参与下一投资时段其他固定收益产品的投资。

5)折现率假设

由于固定收益产品的收益可能在不同时点兑付,所以这里我们将所有投资收益折现到同一参考时点。因为固定收益产品主要在银行间市场进行交易,所以这里我们将 Shibor(上海银行间同业拆借利率)各时间档次利率作为折现率。对于非标准 Shibor 时间档次的折现率,用三次样条插值法予以解决。本案例中其各档次利率如表 4-33 所示。

时间	1 天	1 周	2 周	1 月	3 月	6 月	9 月	1 年
利率/(%)	2.6192	3.4175	3.2733	3.3415	3.7289	4.1570	4.3743	4.4896

二、模型约束

引起投资计划变化的时间点只有可能是某个固定收益产品的起止时点或者某笔资金的起止时点。根据这个规律，将所有固定收益产品的起止时点和所有资金的起止时点组成一个集合并按先后排序，每相邻的两个时间点为一个投资时段，时段内投资组合不变，只需确定每个时段内每个固定收益产品的数量即可。

1）优化目标函数

投资利润等于投资收益减去投资成本。投资收益为各笔固定收益产品收益兑付时点向同一个时点折现之和。由于假设投资成本为某一常数，所以可将优化目标简化为

$$\max(投资利润) = \max(各个固定收益产品收益折现)$$

2）约束条件

资金约束：根据假设，各笔投资资金的起止之间确定，金额确定。各笔资金在同一时点的资金可相加，其和为该时点的最大可投资金额。

交易规则约束：投资者必须依照固定收益产品本身的交易规则进行操作。这里将固定收益产品按照持有时间要求和持有规模要求进行如下划分。按持有时间进行划分：如果某固定收益产品在持有期内可以自由买卖，而非一定要持有至到期日，则该产品为时间可分的固定收益产品。例如：对于国债和大额可转让定期存单，投资者可以选择持有至到期日，也可以选择提前兑付或者转卖。相反，银行定期存款必须持有至到期日，银行才会向投资者支付利息，因此此类产品为时间不可分的固定收益产品。按持有规模进行划分：如果某固定收益产品可以按份购买，而非全额购买，则该产品为规模可分的固定收益产品。例如：对于国债，投资者可以根据国债票面价格按份购买。相反，对于大额央行票据只能全额购买，因此该产品为规模不可分的固定收益产品。

3）投资策略约束

投资策略包括风险策略、久期策略、固定收益产品之间的互斥或互补策略等等。风险策略有很多种，其中比较常用的一种策略是投资者对同一债务人或同一行业进行最高投资限额控制，以防范风险过度集中。有时投资者为了控制所持有的固定收益产品组合对于利率的敏感性，限制了投资组合的久期。

固定收益产品之间的互斥及互补策略。情况一，固定收益产品之间存在互补关系——如果投资某一固定收益产品，其互补关系产品也必须投资。该策略适用于风险负相关，需要对冲风险的固定收益产品集合。情况二，固定收益产品之间存在互斥关系——如果投资某一固定收益产品，其互斥关系产品不允许投资。该策略适用于风险正相关，需要分散风险的固定收益产品集合。

现有如表 4-34 所示的投资资金情况和如表 4-35 所示的固定收益产品列表。

表 4-34　资金列表

资金名称	开始时间	结束时间	规模/万元
资金一	2012-08-01	2012-12-30	60000
资金二	2012-08-30	2012-11-01	90000

表 4-35 固定收益产品

固定收益产品名称	开始时间	结束时间	收益率	规模	时间可分	金额可分
产品一	2012-08-03	2012-12-01	5.2%	15000	1	1
产品二	2012-08-05	2012-11-03	4.5%	15000	1	1
产品三	2012-08-06	2012-10-05	3.6%	88000	1	1
产品四	2012-08-08	2012-09-07	4.7%	50000	1	1

注:在时间可分与金额可分两列中,"1"表示可分。

请根据以上情况完成下列任务。

(1) 根据假设和模型约束建立投资优化模型。

(2) 利用 Excel 求解表 4-34 以及表 4-35 所示的情形。

第五章 →

整数规划与分配问题

学习导引

　　在线性规划问题中,其解都假设为具有连续型数值,但在许多实际问题中,决策变量要求部分或全部决策变量是正整数,则称之为整数规划(integer programming,IP)。要满足整数解的要求,比较自然简便的方法是把用线性规划所求得的分数解进行"四舍五入"或"取整"处理。但是这样处理得到的解可能不是原问题的可行解,有的虽是原问题的可行解,却不是整数最优解,因而有必要进一步研究整数规划问题的解法。

学习重点

　　通过本章学习,重点掌握以下知识要点:

1. 整数规划的数学模型;
2. 分支界定法与割平面法;
3. 分配问题的数学模型以及特征;
4. 匈牙利法。

　　整数规划所要求之解必须是整数,如机器设备的台数、完成工作的人数或装货的汽车数等。整数规划中要求全部变量都限制为(非负)整数的,称为纯整数规划(pure integer programming)或全整数规划(all integer programming);要求一部分变量限制为(非负)整数,则称为混合整数规划(mixed integer programming);决策变量全部取 0 或 1 的规划称为 0-1 整数规划(binary integer programming);如果模型是线性的,则称为整数线性规划(integer linear programming,ILP)。本章只讨论纯整数线性规划。

第一节　整数规划的数学模型

　　例 1　有一整数规划问题的数学模型为:

$$\max z = x_1 + 5x_2$$

$$\text{s. t.} \begin{cases} x_1 + 10x_2 \leqslant 20 \\ x_1 \leqslant 2 \\ x_1, x_2 \geqslant 0 \text{ 且为整数} \end{cases}$$

解：如果不考虑整数约束，即得到一个线性规划问题。对于这个问题，用图解法很容易得到最优解（见图 5-1 中点）：$x_1 = 2$，$x_2 = \frac{9}{5}$ 且有 $z = 11$。再考虑整数条件。如将 x_2 凑成整数 $x_2 = 2$，则点 $(2, 2)$ 落在可行域外，不是可行解；若将 x_2 凑成整数 1，则点 $(2, 1)$ 不是最优解。当 $x_1 = 2$，$x_2 = 1$ 时，得到 $z = 7$，而当 $x_1 = 0$，$x_2 = 2$ 时，得到 $z = 10$，显然点 $(0, 2)$ 比点 $(2, 1)$ 更好。因此不能简单地认为将线性规划问题的最优解取整（例如四舍五入）就能得到整数规划的最优解。从图 5-1 可知，整数规划问题的可行解集是相应的线性规划问题的可行域内的整数格子点，它是一个有限集，把所有整数解代入目标函数中，即得到最优解为 $(0, 2)$。

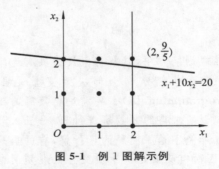

图 5-1　例 1 图解示例

我们也会想到能否用枚举法来求解整数规划，但这种方法只有在变量所能取的整数值个数较少时才可以使用。对于大型问题，这种组合数的个数可能大得惊人。如在指派问题中，有 n 项任务指派 n 个人去完成，不同的指派方案共有 $n!$ 种。当 $n = 20$ 时，这个数超过 2^{1013}。如果用枚举法每一个方案都计算一遍，就是用每秒百万次的计算机，也要几万年。显然枚举法并不是一种普遍有效的方法，因此研究求解整数规划的一般方法是有实际意义的。

自 20 世纪 60 年代以来，已发展了一些常用的求解整数规划的算法，如各种类型的割平面法、分支界定法、解 0-1 规划的隐枚举法、群论方法、动态规划方法等。近些年来学者们提出的近似算法以及计算机模拟法等也取得了较好的效果。

整数线性规划问题的一般模型为：

$$\max z = \sum_{j=1}^{n} c_j x_j$$

$$\text{s. t.} \begin{cases} \sum_{j=1}^{n} a_{ij} x_j \leqslant b_i & (i = 1, 2, \cdots, m) \\ x_j = 0 \text{ 或 } 1 & (j = 1, 2, \cdots, n) \\ x_s \geqslant 0 \text{ 且为整数}(s = 1, 2, \cdots, t, t \leqslant n) \end{cases}$$

决策变量取 0 或者 1 是整数规划的一种特殊情形，很多管理问题无法归结为线性规划的数学模型，却可以通过设置逻辑变量建立整数规划的数学模型。下面说明逻辑变量在建立数学模型中的作用。

（1）m 个约束条件中只有 k 个起作用。

设 m 个约束条件可表示为

$$\sum_{j=1}^{n} a_{ij}x_j \leqslant b_i \quad (i=1,2,\cdots,m)$$

定义

$$y_i = \begin{cases} 1, & \text{假定第 } i \text{ 个约束条件不起作用} \\ 0, & \text{假定第 } i \text{ 个约束条件起作用} \end{cases}$$

又 M 为任意大的正数,则

$$\begin{cases} \sum_{i=1}^{m} a_{ij}x_j \leqslant b_i + My_i \\ y_1 + y_2 + \cdots + y_m = m - k \end{cases}$$

表明 m 个约束条件中有 $(m-k)$ 个的右端项为 (b_i+M),不起约束作用,因而只有 k 个约束条件真正起到约束作用。

（2）约束条件的右端项可能是 r 个值 $(b_1,b_2,\cdots,b_r)$ 中的某一个,即

$$\sum_{j=1}^{n} a_{ij}x_i \leqslant b_1 \text{ 或 } b_2 \text{ 或 } \cdots \text{ 或 } b_r$$

定义

$$y_i = \begin{cases} 1, & \text{假定约束右端项为 } b_i \\ 0, & \text{假定约束右端项不为 } b_i \end{cases}$$

由此,上述约束条件可表示为

$$\begin{cases} \sum_{j=1}^{n} a_{ij}x_j \leqslant \sum_{i=1}^{r} b_iy_i \\ y_1 + y_2 + \cdots + y_r = 1 \end{cases}$$

（3）两组条件中满足其中一组,若 $x_1 \leqslant 4$,则 $x_2 \geqslant 1$;否则 $x_1 > 4$,$x_2 \leqslant 3$。定义

$$y_i = \begin{cases} 1, & \text{第 } i \text{ 组条件下不起作用} \\ 0, & \text{第 } i \text{ 组条件起作用} \end{cases} \quad (i=1,2)$$

又 M 为任意大正数,则问题可表达为

$$\begin{cases} x_1 \leqslant 4 + My_1 \\ x_2 \geqslant 1 - My_1 \\ x_1 > 4 - My_2 \\ x_2 \leqslant 3 + My_2 \\ y_1 + y_2 = 1 \end{cases}$$

（4）用以表示含固定费用的函数。

例如用 x_j 代表产品 j 的生产数量,其生产费用函数通常可表示为

$$C_j(x_j) = \begin{cases} K_j + c_jx_j & (x_j > 0) \\ 0 & (x_j = 0) \end{cases}$$

式中,K_j 是同产量无关的生产准备费用。问题的目标是使所有产品的总生产费用为最小,即

$$\min z = \sum_{j=1}^{n} C_j(x_j)$$

为了把此目标函数表示为一个式子,需设置一个逻辑变量 y_j,当 $x_j = 0$ 时,$y_j = 0$;当 $x_j > 0$ 时,$y_j = 1$,为此引进一个特殊的约束条件

$$x_j \leqslant My_j$$

显然在上式中，当 $x_j > 0$ 时，$y_j = 1$，这时可将原生产费用函数表达为：

$$\min z = \sum_{j=1}^{n} (C_j x_j + K_j y_j)$$

$$\text{s. t.} \begin{cases} 0 \leqslant x_j \leqslant My_j \\ y_j = 0 \text{ 或 } 1 \end{cases}$$

第二节 分支定界法

分支定界法可用于解纯整数或混合整数规划问题。该方法在 20 世纪 60 年代初由 Land、Doig 和 Dakin 等人提出。由于该方法灵活且便于利用计算机求解，所以它是目前求解整数规划的重要方法。它的基本思想是先不考虑原整数规划问题的整数性约束，而去求解其相应的松弛问题。对于最大化问题，松弛问题的最优值就是原问题最优值的上界 $\overline{Z}$。如果松弛问题的最优值满足整数性约束，则它就是原问题的最优解。否则就在不满足整数性约束的变量中任选一个变量 x_i（假设其值为 b_i），将新的约束约束条件 $x_i \leqslant [b_i]$ 和 $x_i \geqslant [b_i] + 1$ 分别加入原问题中，把原问题分支为两个子问题，并分别求解子问题的松弛问题。若子问题的松弛问题的最优解满足整数性约束，则不再分支，其相应的目标函数值就是原问题目标函数值的一个上界 $\overline{Z}$。对不满足整数性约束的子问题，如果需要则继续按上述方法进行新的分支，并分别求解其对应的松弛问题，直至求得原问题的最优解为止。

例 2 用分支定界法求解下列混合整数规划问题。其模型为：

$$\max z = 3x_1 + x_2 + 3x_3$$

$$\text{s. t.} \begin{cases} -x_1 + 2x_2 + x_3 \leqslant 4 \\ 4x_2 - 3x_3 \leqslant 2 \\ x_1 - 3x_2 + 2x_3 \leqslant 3 \\ x_1, x_2, x_3 \geqslant 0 \text{ 且 } x_1, x_3 \text{ 为整数} \end{cases} \tag{5.1}$$

解：首先不考虑整数约束，将式（5.1）变为式（5.2）：

$$\max z = 3x_1 + x_2 + 3x_3$$

$$\text{s. t.} \begin{cases} -x_1 + 2x_2 + x_3 \leqslant 4 \\ 4x_2 - 3x_3 \leqslant 2 \\ x_1 - 3x_2 + 2x_3 \leqslant 3 \\ x_1, x_2, x_3 \geqslant 0 \end{cases} \tag{5.2}$$

用单纯形法求得式（5.2）的最优解为 $x_1 = \dfrac{16}{3}, x_2 = 3, x_3 = \dfrac{10}{3}, \max z = 29$。因为 $x_1 = \dfrac{16}{3}$ 为非整数，所以将约束 $x_1 \leqslant 5$ 和 $x_1 \geqslant 6$ 分别增加到式（5.2）中，构成两个分支问题（5.3a）和（5.3b）。

$$\max z = 3x_1 + x_2 + 3x_3$$

$$\text{s. t.} \begin{cases} -x_1 + 2x_2 + x_3 \leqslant 4 \\ 4x_2 - 3x_3 \leqslant 2 \\ x_1 - 3x_2 + 2x_3 \leqslant 3 \\ x_1 \leqslant 5 \\ x_1, x_2, x_3 \geqslant 0 \end{cases} \tag{5.3a}$$

$$\max z = 3x_1 + x_2 + 3x_3$$

$$\text{s. t.} \begin{cases} -x_1 + 2x_2 + x_3 \leqslant 4 \\ 4x_2 - 3x_3 \leqslant 2 \\ x_1 - 3x_2 + 2x_3 \leqslant 3 \\ x_1 \geqslant 6 \\ x_1, x_2, x_3 \geqslant 0 \end{cases} \tag{5.3b}$$

用单纯形法求解式(5.3a),得最优解 $x_1 = 5, x_2 = \dfrac{20}{7}, x_3 = \dfrac{23}{7}, \max z = \dfrac{194}{7}$,而式(5.3b)无可行解。

因为 $x_3 = \dfrac{23}{7}$ 为非整数,所以将约束 $x_3 \leqslant 3$ 和 $x_3 \geqslant 4$ 分别增加到式(5.3a)中,构成式(5.4a)和式(5.4b)。

$$\max z = 3x_1 + x_2 + 3x_3$$

$$\text{s. t.} \begin{cases} -x_1 + 2x_2 + x_3 \leqslant 4 \\ 4x_2 - 3x_3 \leqslant 2 \\ x_1 - 3x_2 + 2x_3 \leqslant 3 \\ x_1 \leqslant 5 \\ x_3 \leqslant 3 \\ x_1, x_2, x_3 \geqslant 0 \end{cases} \tag{5.4a}$$

$$\max z = 3x_1 + x_2 + 3x_3$$

$$\text{s. t.} \begin{cases} -x_1 + 2x_2 + x_3 \leqslant 4 \\ 4x_2 - 3x_3 \leqslant 2 \\ x_1 - 3x_2 + 2x_3 \leqslant 3 \\ x_1 \leqslant 5 \\ x_3 \geqslant 4 \\ x_1, x_2, x_3 \geqslant 0 \end{cases} \tag{5.4b}$$

用单纯形法求解式(5.4a)得最优解 $x_1 = 5, x_2 = \dfrac{11}{4}, x_3 = 3, \max z = \dfrac{107}{4}$,而式(5.4b)无可行解,因此式(5.4a)已得到满足条件的解。

因此原混合规划问题的最优解为 $x_1 = 5, x_2 = \dfrac{11}{4}, x_3 = 3, \max z = \dfrac{107}{4}$,该问题的求解过程可用框图 5-2 直观地表达。

分支界定法在求解过程中遵循以下原则。

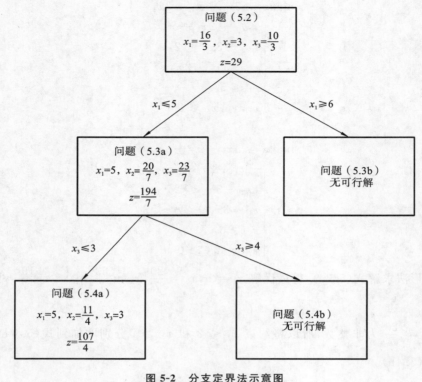

图 5-2 分支定界法示意图

（1）每个松弛问题的最优值均是相应整数规划问题最优值的上界。

（2）在求解子问题的松弛问题时：

· 若松弛问题无可行解，则相应的子问题也无可行解，舍弃不再分支。

· 若松弛问题的解满足整数性约束，则此解为相应子问题的最优解，此时不分支。如果目标函数值大于目前的上界值，则修改上界值。

· 如果松弛问题的解不满足整数性约束，但目标函数值不大于目前的上界值，则不再分支。

· 若松弛问题的解不满足整数性约束，但目标函数值大于目前的上界值，则对相应的子问题进一步分支。

第三节　割平面法

割平面法也是求解整数规划问题的常用方法之一。它的基本思路是先不考虑整数约束条件，而求松弛问题的最优解。如果获得整数最优解，即停止运算；如果得到的最优解不满足整数约束条件，则在此非整数解的基础上增加新的约束条件重新求解。这个新增加的约束条件的作用就是去切割相应松弛问题的可行域，即割去松弛问题的部分非整数解（包括原已得到的非整数最优解）。把所有的整数解都保留下来，称新增加的约束条件为割平面。当经过多次切割后保留下来的可行域上有一个坐标均为整数的顶点，它恰好就是所求问题的整数最优解，即切割后所对应的松弛问题与原整数规划问题具有相同的最优解。

割平面法的具体步骤如下：

（1）对于所求的整数规划问题，先不考虑整数约束条件，而求解相应的松弛问题。

$$\max z = \sum_{j=1}^{n} c_j x_j$$

$$\text{s. t.} \begin{cases} \sum_{j=1}^{n} a_{ij} x_j = b_i & (i = 1, 2, \cdots, m) \\ x_j \geqslant 0 & (j = 1, 2, \cdots, n) \end{cases}$$

（2）如果该问题无可行解或已取得整数最优解，则停止运算；前者表示原问题已无可行解，后者表示已得整数最优解。如果有一个或更多个变量取值不满足整数条件，则选择某个变量建立割平面。

（3）增加割平面的新约束条件，用灵敏度分析的方法继续求解，返回（1）。

例3 求解下列整数规划问题：

$$\max z = x_1 + x_2$$

$$\text{s. t.} \begin{cases} 2x_1 + x_2 \leqslant 6 \\ 4x_1 + 5x_2 \leqslant 20 \\ x_1, x_2 \geqslant 0, \text{且为整数} \end{cases}$$

解：第一步，引入松弛变量，不考虑变量的整数约束，写出该线性规划的标准形式。

$$\max z = x_1 + x_2$$

$$\text{s. t.} \begin{cases} 2x_1 + x_2 + x_3 = 6 \\ 4x_1 + 5x_2 + x_4 = 20 \\ x_1, x_2, x_3, x_4 \geqslant 0 \end{cases} \tag{5.5}$$

用单纯形法求得最终单纯形表，如表 5-1 所示。

表 5-1　式（5.5）的最终单纯形表

C_B	c_j		1	1	0	0
	x_b	b_i	x_1	x_2	x_3	x_4
1	x_1	5/3	1	0	5/6	$-1/6$
1	x_2	8/3	0	1	$-2/3$	1/3
	σ_j		0	0	$-1/6$	$-1/6$

第二步，找出割平面。

显然 $x_1 = \dfrac{5}{3}, x_2 = \dfrac{8}{3}$ 为非整数解。为求得整数解，在原约束条件的基础上引入一个新的约束条件，以保障一个或者几个变量取值为整数。在表 5-1 中找出非整数解中分数部分最大的一个基变量（表 5-1 中分数部分相等，任取一个），取 x_2 并写下这一行的约束

$$x_2 - \frac{2}{3}x_3 + \frac{1}{3}x_4 = \frac{8}{3} \tag{5.6}$$

将式（5.6）中所有常数写成整数与一个正的分数值之和，得

$$x_2 + \left(-1 + \frac{1}{3}\right)x_3 + \left(0 + \frac{1}{3}\right)x_4 = 2 + \frac{2}{3} \tag{5.7}$$

将式（5.7）中分数项移动到等式右端，整数项移到等式左端，得

$$x_2 - x_3 - 2 = \frac{2}{3} - \frac{1}{3}x_3 - \frac{1}{3}x_4 \tag{5.8}$$

根据变量取整数解的要求，式(5.8)左端为整数，因而右端也必须取整数，又因为 $x_3, x_4 \geqslant 0$，故右端项 $\frac{2}{3} - \frac{1}{3}x_3 - \frac{1}{3}x_4 \leqslant \frac{2}{3} < 1$。因右端项必须取整数值，因此有

$$\frac{2}{3} - \frac{1}{3}x_3 - \frac{1}{3}x_4 \leqslant 0 \qquad (5.9)$$

式(5.9)加上松弛变量后得

$$\frac{2}{3} - \frac{1}{3}x_3 - \frac{1}{3}x_4 + x_5 = 0 \qquad (5.10)$$

式(5.10)或者式(5.9)就是要找的割平面约束，有：

$$x_3 = 6 - 2x_1 - x_2$$
$$x_4 = 20 - 4x_1 - 5x_2 \qquad (5.11)$$

将式(5.11)代入到式(5.9)并化简得

$$x_1 + x_2 \leqslant 4 \qquad (5.12)$$

约束条件式(5.12)等价于割平面约束，如图 5-3 所示，加上这个约束（图中虚线所示），这个约束只是割去线性规划可行域的部分非整数解，原有的整数解全部保留。

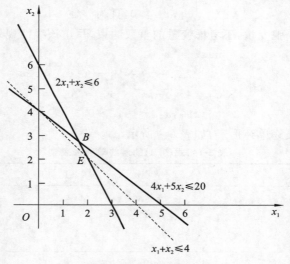

图 5-3　割平面示意图

第三步，将割平面加到原约束条件的标准形式式(5.5)中，得到新的线性规划问题(5.13)：

$$\max z = x_1 + x_2$$

$$\text{s. t.} \begin{cases} 2x_1 + x_2 + x_3 = 6 \\ 4x_1 + 5x_2 + x_4 = 20 \\ -\dfrac{1}{3}x_3 - \dfrac{1}{3}x_4 + x_5 = -\dfrac{2}{3} \\ x_1, x_2, x_3, x_4, x_5 \geqslant 0 \end{cases} \qquad (5.13)$$

式(5.13)仅仅是在式(5.5)中加了一个新的约束，可以把这个约束直接反映到求解式(5.5)的最终单纯形表中，并用对偶单纯形来求解，如表 5-2 所示。

表 5-2　加入割平面后的单纯形表

	c_j		1	1	0	0	0
C_B	x_b	b_i	x_1	x_2	x_3	x_4	x_5
1	x_1	5/3	1	0	5/6	−1/6	0
1	x_2	8/3	0	1	−2/3	1/3	0
0	x_5	−2/3	0	0	−1/3	−1/3	1
	σ_j		0	0	−1/6	−1/6	0
1	x_1	2	1	0	1	0	−1/2
1	x_2	2	0	1	−1	0	1
0	x_4	2	0	0	1	1	−3
	σ_j		0	0	0	0	−1/2

由表 5-2 可得最优解 $x_1=2, x_2=2, x_4=2, x_3=x_5=0$，对应的目标函数值为 4。该点对应上述线性规划的最优解，它位于图 5-3 中的 E 点。

第四节　分配问题与匈牙利法

一、问题的提出与数学模型

在生活中经常遇到这样的问题，有 n 项任务需要完成，正好有 n 个人可承担这些任务。由于每个人的专长与经验不同，各人完成任务所需的时间不同，效率也不同。那么，应派哪个人去完成哪项任务，才能够使完成 n 项任务的总效率最高（所需总时间最少）？这类问题就是指派问题、分配问题或者 0-1 问题。

例 4　有一份说明书，要分别译成英、日、德、俄四种文字，交甲、乙、丙、丁四个人去完成。因每个人专长不同，他们完成翻译不同文字所需的时间如表 5-3（通常称为效率矩阵）所示。应如何分配，使这四个人分别完成这四项任务总时间为最少？

表 5-3　四人的效率矩阵

工作	人			
	甲	乙	丙	丁
译成英文	2	10	9	7
译成日文	15	4	14	8
译成德文	13	14	16	11
译成俄文	4	15	13	9

解：此工作分配问题可以采用枚举法进行求解，将所有分配方案求出，总时数最少的方案就是最优解。本例的方案有 $4!=4\times3\times2\times1=24$ 种。由于方案数是人数的阶乘，当人数和任务数较多时，计算量非常大。可以用 0-1 规划模型描述此类分配问题。

设 $x_{ij}=\begin{cases}1,\text{分配第 } i \text{ 人做第 } j \text{ 项工作}\\0,\text{不分配第 } i \text{ 人做第 } j \text{ 项工作}\end{cases}$

目标函数为

$$\min z = 2x_{11} + 10x_{12} + 9x_{13} + 7x_{14} + 15x_{21} + 4x_{22} + 14x_{23} + 8x_{24}$$
$$+ 13x_{31} + 14x_{32} + 16x_{33} + 11x_{34} + 4x_{41} + 15x_{42} + 13x_{43} + 9x_{44}$$

要求每项工作只能由一人完成,约束条件为

$$\begin{cases} x_{11} + x_{12} + x_{13} + x_{14} = 1 \\ x_{21} + x_{22} + x_{23} + x_{24} = 1 \\ x_{31} + x_{32} + x_{33} + x_{34} = 1 \\ x_{41} + x_{42} + x_{43} + x_{44} = 1 \end{cases}$$

要求每人只能完成一项工作,约束条件为

$$\begin{cases} x_{11} + x_{21} + x_{31} + x_{41} = 1 \\ x_{12} + x_{22} + x_{32} + x_{42} = 1 \\ x_{13} + x_{23} + x_{33} + x_{43} = 1 \\ x_{14} + x_{24} + x_{34} + x_{44} = 1 \end{cases}$$

如果把四项任务看成是产量为 1 的产地,把 4 位员工看出是需求量为 1 的销地,那么该问题又可以转化成运输问题来求解。

下面给出指派问题的一般模型,假设 n 个人恰好做 n 项工作,第 i 个人做第 j 项工作的效率为 $c_{ij} \geqslant 0$,效率矩阵为 $C = (c_{ij})_{n \times n}$,如何分配工作使费用最省(效率最高)的数学模型为

$$\min z = \sum_{i=1}^{n} \sum_{j=1}^{n} c_{ij} x_{ij}$$

$$\text{s. t.} \begin{cases} \sum_{j=1}^{n} x_{ij} = 1 & (i = 1, 2, \cdots, n) \\ \sum_{i=1}^{n} x_{ij} = 1 & (j = 1, 2, \cdots, n) \\ x_{ij} = 0 \text{ 或 } 1 & (i, j = 1, 2, \cdots, n) \end{cases}$$

指派问题既是 0-1 规划问题的特例,也是运输问题的特例;当然可以用整数规划、0-1 规划或运输问题的解法去求解。然而这样是不合算的,就如用单纯形法去求解运输问题一样,针对指派问题的特殊性有更简便的方法。

二、匈牙利法

解分配问题的匈牙利法是从这样一个明显的事实出发的,如果效率矩阵所有的元素 $c_{ij} \geqslant 0$,而其中存在一组位于不同行不同列的"0"元素,则只要令对应的这些"0"元素位置的 $x_{ij} = 1$,其余的 $x_{ij} = 0$,则 $z = \sum_{i=1}^{n} \sum_{j=1}^{n} c_{ij} x_{ij}$ 就是问题的最优解。假如效率矩阵为

$$\begin{bmatrix} 0 & 7 & 8 & 2 \\ 8 & 16 & 0 & 19 \\ 16 & 0 & 3 & 6 \\ 0 & 8 & 7 & 0 \end{bmatrix}$$

显然令 $x_{11} = 1, x_{23} = 1, x_{32} = 1, x_{44} = 1$,即将第一项工作分配给甲,第二项工作分配给丙,第三项工作分配给乙,第四项工作分配给丁,这就使完成整个工作的效率最高。那么,如何产生并寻找这组位于不同行与不同列的"0"元素?匈牙利数学家克尼格(Konig)证明了下面两个基本定理。基于这两个定理建立的解分配问题的计算方法,称为匈牙利法。

定理 1 如果从分配问题的效率矩阵 $[c_{ij}]$ 的每一行元素中分别减去（或加上）一个常数 u_i（称为该行的位势），从每一列分别减去（或加上）一个常数 v_j（称为该列的位势），得到一个新的效率矩阵 $[b_{ij}]$，若 $b_{ij} = a_{ij} - u_i - v_j$，则 $[b_{ij}]$ 的最优解等价于 $[c_{ij}]$ 的最优解。

定理 1 的思想就是通过构造等价的效率矩阵来产生"0"元素。可以从效率矩阵的每行或每列减去最小数字，以得到"0"元素。

定理 2 若矩阵 C 的元素可分成"0"与非"0"部分，则覆盖"0"元素的最少直线数等于位于不同行不同列的"0"元素的最大个数。

不同行不同列的"0"元素数目就是独立的"0"元素的个数，定理 2 就是从行和列的角度进一步产生更多"0"元素的效率矩阵。

匈牙利法的基本解题步骤如下：

第一步，变换分配问题的系数矩阵，使各行各列中都出现"0"元素。

（1）从系数矩阵的每行元素中减去该行的最小元素。

（2）从所得系数矩阵的每列元素中减去该列的最小元素，若某列已有"0"元素，则不需要再减了。

第二步，进行试分配，找出独立的"0"元素。

经第一步变换后，系数矩阵中每行每列中都已有"0"元素，但需要找出 n 个独立的"0"元素。如能找出，就以这些独立的"0"元素对应解矩阵 (x_{ij}) 中的元素为 1，其余为 0，这就得到最优解。具体步骤为：

（1）从只有一个"0"元素的行（列）开始，给这个"0"元素加圈，记作 ◎。这表示对这行所代表的人只有一种任务可指派。然后划去 ◎ 所在列（行）的其他"0"元素，记作∅，这表示这列所代表的任务已指派完，不必再考虑别人了。

（2）给只有一个"0"元素列（行）的"0"元素加圈，记作 ◎；然后划去 ◎ 所在行的"0"元素，记作∅。

（3）反复进行（1）、（2）步骤，直到所有"0"元素都被圈出和划掉为止。

（4）若仍有没有画圈的"0"元素，且同行（列）的"0"元素至少有两个（表示对这人可以从两项任务中指派其一），则从剩有"0"元素最少的行（列）开始，比较这行各"0"元素所在列中"0"元素的数目，对"0"元素少的那列的这个"0"元素加圈（表示选择性多的应该先满足选择性少的）。然后划掉同行、同列的其他"0"元素。可反复进行，直到所有"0"元素都已画圈或划掉为止。

（5）若 ◎ 元素的数目 m 等于矩阵的阶数 n，那么该指派问题的最优解已得到；若 $m < n$，则转入下一步。

第三步，作最少的直线覆盖所有"0"元素，以确定该系数矩阵中能找到最多的独立"0"元素，为此有如下步骤：

（1）对没有 ◎ 的行打√。

（2）对已打√的行中所有含"0"元素的列打√。

（3）对打有√的列中含有 ◎ 元素的行打√。

（4）重复（2）、（3）直到得不出新的打√的行、列为止。

（5）对没有打√的行画一横线，打√的列画一纵线，这就得到覆盖所有"0"元素的最少直线数。

令直线数为 k。若 $k < n$，则说明必须再变换当前的系数矩阵，才能找到 n 个独立的"0"元素，转第四步；若 $k = n$，则返回第二步的（4），重新尝试。

第四步，对直线数 $k < n$ 的矩阵进行变换的目的是增加"0"元素。为此在没有被直线覆盖的部分元素中找出最小元素。然后将打√行中各元素减去这个最小元素，而在打√列的各元素都加上这最小元素以保证原来"0"元素不变。这样得到新系数矩阵（它的最优解与原问题相

同）。若得到 n 个独立的"0"元素，则已得到最优解，否则返回到第三步重复进行。

当分配问题的系数矩阵，经过变换得到了同行和同列中都有两个或两个以上"0"元素时，可以任选一行（列）中某一个元素，再划去同行（列）的其他元素。这时会出现多重解。下面将通过两个例子来具体说明匈牙利法的解题步骤。

例 5 用匈牙利法求解例 4 的最优分配方案。

解：按第一步的（1）和（2）先让效率矩阵减去每行的最小元素，然后再减去每列的最小元素，使每行每列都出现"0"元素。即

$$
\begin{bmatrix} 2 & 10 & 9 & 7 \\ 15 & 4 & 14 & 8 \\ 13 & 14 & 16 & 11 \\ 4 & 15 & 13 & 9 \end{bmatrix} \rightarrow \begin{bmatrix} 0 & 8 & 7 & 5 \\ 11 & 0 & 10 & 4 \\ 2 & 3 & 5 & 0 \\ 0 & 11 & 9 & 5 \end{bmatrix} \rightarrow \begin{bmatrix} 0 & 8 & 2 & 5 \\ 11 & 0 & 5 & 4 \\ 2 & 3 & 0 & 0 \\ 0 & 11 & 4 & 5 \end{bmatrix}
$$

然后按第二步进行试分配，按步骤（1）先给 c_{11} 加圈，划去 c_{41}，然后给 c_{22} 加圈；按步骤（2）给 c_{33} 加圈，把 c_{34} 划掉，得到如下矩阵：

$$
\begin{bmatrix} ◎ & 8 & 2 & 5 \\ 11 & ◎ & 5 & 4 \\ 2 & 3 & ◎ & ∅ \\ ∅ & 11 & 4 & 5 \end{bmatrix}
$$

按第三步给没有独立的"0"元素的第四行画勾，第一列画勾，第一行画勾；然后对没有画勾的行画直线，画勾的列画直线，使所有的"0"元素都被直线覆盖。得到如下矩阵：

$$
\begin{bmatrix} ◎ & 8 & 2 & 5 \\ 11 & ◎ & 5 & 4 \\ 2 & 3 & ◎ & ∅ \\ ∅ & 11 & 4 & 5 \end{bmatrix}
$$

按第四步找出没有被直线覆盖的最小元素 2，没有被直线覆盖的元素减去 2，直线交叉的地方加上 2，得到如下矩阵，然后按照第二步进行试分配，先按步骤（1）给 c_{22} 加圈，然后给 c_{41} 加圈，同时划去 c_{11}；按步骤（2）给 c_{34} 加圈，同时划去 c_{33}，最后给 c_{13} 加圈，这时得到 4 个独立的"0"元素：

$$
\begin{bmatrix} 0 & 6 & 0 & 3 \\ 13 & 0 & 5 & 4 \\ 4 & 3 & 0 & 0 \\ 0 & 9 & 2 & 3 \end{bmatrix} \rightarrow \begin{bmatrix} ∅ & 6 & ◎ & 3 \\ 13 & ◎ & 5 & 4 \\ 4 & 3 & ∅ & ◎ \\ ◎ & 9 & 2 & 3 \end{bmatrix}
$$

这时最优解为

$$
(x_{ij}) = \begin{bmatrix} 0 & 0 & 1 & 0 \\ 0 & 1 & 0 & 0 \\ 0 & 0 & 0 & 1 \\ 1 & 0 & 0 & 0 \end{bmatrix}
$$

这表示指定甲翻译成俄文、乙翻译成日文、丙翻译成英文、丁翻译成德文，所需总的时间最少，为 $9+4+11+4=28$（小时）。

例 6 分派 4 个工人做 4 项工作，规定每人只能做 1 项工作，每项工作只能 1 个人做。每个工人的效率矩阵如表 5-4 所示，求总耗时最少的分配方案。

表 5-4　每个工人的效率矩阵

工作	人			
	甲	乙	丙	丁
A	15	18	21	24
B	19	23	22	18
C	26	17	16	19
D	19	21	23	17

解：按第一步将效率矩阵进行变换，使每行每列出现"0"元素

$$\begin{bmatrix} 15 & 18 & 21 & 24 \\ 19 & 23 & 22 & 18 \\ 26 & 17 & 16 & 19 \\ 19 & 21 & 23 & 17 \end{bmatrix} \rightarrow \begin{bmatrix} 0 & 2 & 6 & 9 \\ 1 & 4 & 4 & 0 \\ 10 & 0 & 0 & 3 \\ 2 & 3 & 6 & 0 \end{bmatrix}$$

按第二步进行试分配

$$\begin{bmatrix} ◎ & 2 & 6 & 9 \\ 1 & 4 & 4 & ◎ \\ 10 & ◎ & \emptyset & 3 \\ 2 & 3 & 6 & \emptyset \end{bmatrix}$$

按第三步作直线覆盖所有的"0"元素

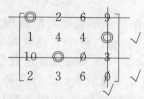

按第四步没有被直线覆盖的元素减去最小元素，直线交叉的地方加上最小元素；转入第二步进行试分配，即

$$\begin{bmatrix} 0 & 2 & 6 & 10 \\ 0 & 3 & 3 & 0 \\ 10 & 0 & 0 & 4 \\ 1 & 2 & 5 & 0 \end{bmatrix} \rightarrow \begin{bmatrix} ◎ & 2 & 6 & 10 \\ \emptyset & 3 & 3 & \emptyset \\ 10 & ◎ & \emptyset & 4 \\ 1 & 2 & 5 & ◎ \end{bmatrix}$$

继续按第三步画直线覆盖所有的"0"元素

$$\begin{bmatrix} ◎ & 2 & 6 & 10 \\ \emptyset & 3 & 3 & \emptyset \\ 10 & ◎ & \emptyset & 4 \\ 1 & 2 & 5 & ◎ \end{bmatrix}$$

继续按第四步获得更多"0"元素后，按第二步进行分配，即

$$\begin{bmatrix} 0 & 0 & 4 & 10 \\ 0 & 1 & 1 & 0 \\ 12 & 0 & 0 & 6 \\ 1 & 0 & 3 & 0 \end{bmatrix} \rightarrow \begin{bmatrix} ◎ & \emptyset & 4 & 10 \\ \emptyset & 1 & 1 & ◎ \\ 12 & \emptyset & ◎ & 6 \\ 1 & ◎ & 3 & \emptyset \end{bmatrix}$$

此时最优的总工时为 $15+18+16+21=70$（小时）。

当分配问题的系数矩阵，经过变换得到了同行和同列中都有两个或两个以上的"0"元素时会出现多重解。因此本例还可得到另一分配方案，此时最优效率不变。

$$\begin{bmatrix} 0 & 0 & 4 & 10 \\ 0 & 1 & 1 & 0 \\ 12 & 0 & 0 & 6 \\ 1 & 0 & 3 & 0 \end{bmatrix} \rightarrow \begin{bmatrix} \emptyset & \circledcirc & 4 & 10 \\ \circledcirc & 1 & 1 & \emptyset \\ 12 & \emptyset & \circledcirc & 6 \\ 1 & \emptyset & 3 & \circledcirc \end{bmatrix}$$

分配问题除了求最小值，还有可能出现求最大值以及人数与任务不相等的情况，下面对这两种情况做些说明。

（1）求最大值的分配问题，即求 $\max z = \sum\limits_i \sum\limits_j c_{ij} x_{ij}$。

可令 $b_{ij} = M - c_{ij}$，其中 M 是足够大的常数（一般选 c_{ij} 中最大元素为 M 即可），这时系数矩阵可转化为 $\boldsymbol{B} = (b_{ij})$，这时 $b_{ij} \geqslant 0$，符合匈牙利法的条件。目标函数经过变换后，即求解

$$\min z' = \sum\limits_i \sum\limits_j b_{ij} x_{ij}$$

所得最小值就是原问题的最大值，因为

$$\sum\limits_i \sum\limits_j b_{ij} x_{ij} = \sum\limits_i \sum\limits_j (M - c_{ij}) x_{ij} = \sum\limits_i \sum\limits_j M x_{ij} - \sum\limits_i \sum\limits_j c_{ij} x_{ij}$$

$$= nM - \sum\limits_i \sum\limits_j c_{ij} x_{ij}$$

当 nM 是常数时，$\sum\limits_i \sum\limits_j b_{ij} x_{ij}$ 取最小值，则 $\sum\limits_i \sum\limits_j c_{ij} x_{ij}$ 取最大值。

（2）分配问题中如果人数与工作任务不相等时的处理方法。

如果有 4 项工作分配给 6 个人去完成，每个人完成每项工作的时间是不同的。仍然规定每个人完成一项工作，每项工作只交给一个人完成。这就是应从 6 个人中挑选 4 个人去完成，花费的总时间最少。处理办法是增加 2 项假想的工作任务，因为是假想的，所以每个人完成这 2 项任务时间为零，可在效率矩阵中增加两行 0，使得人数和工作任务数相等，这样就可用匈牙利法求解。当工作任务数多于人数时，类似可虚设两个假想的人来处理。

第五节　整数规划问题的 Excel 求解

1. 整数规划的 Excel 求解

例 7　用 Excel 求解下列整数规划问题的最优解：

$$\max z = x_1 + x_2$$

$$\text{s. t.} \begin{cases} 2x_1 + x_2 \leqslant 6 \\ 4x_1 + 5x_2 \leqslant 20 \\ x_1, x_2 \geqslant 0, \text{且为整数} \end{cases}$$

（1）整数规划与普通的线性规划相比，只是决策变量的约束更加严格而已，而在 Excel 中有专门针对整数规划设置的约束条件，用 int 表示。首先给出该问题的求解模板，如图 5-4 所示，然后在相应的表格位置输入公式，如图 5-5 所示。

（2）在设置好模板后，需要对参数进行设置，如图 5-6 所示。和其他线性规划模型不同的地方在于，整数规划求解添加了整数约束，如图 5-7 所示。然后单击如图 5-6 所示的"求解"按钮，即可得如图 5-8 所示的最优解。

	A	B	C	D	E	F
1			整数规划问题			
2		x1	x2			
3	目标函数系数	1	1			
4				左端求和	符号	右端项
5	约束条件1	2	1	0	<=	6
6	约束条件2	4	5	0	<=	20
7						
8						
9	决策变量	x1	x2			
10						
11						
12	最优值	0				

图 5-4　求整数规划问题的电子表格模板

	A	B	C	D	E	F
1			整数规划问题			
2		x1	x2			
3	目标函数系数	1	1			
4				左端求和	符号	右端项
5	约束条件1	2	1	=SUMPRODUCT(B5:C5,B10:C10)	<=	6
6	约束条件2	4	5	=SUMPRODUCT(B6:C6,B10:C10)	<=	20
7						
8						
9	决策变量	x1	x2			
10						
11						
12	最优值	=SUMPRODUCT(B3:C3,B10:C10)				

图 5-5　带公式的整数规划电子表格模板

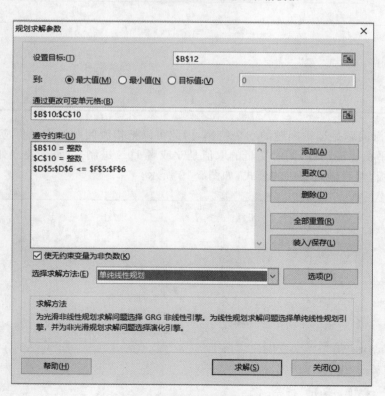

图 5-6　整数规划的参数设置

图 5-7　添加整数约束

图 5-8　整数规划的最优解

2. 分配问题的 Excel 求解

例 8　表 5-5 给出了四个人的效率矩阵,用 Excel 求解下列分配问题的最优分配方案,使总的效率最高。

表 5-5　四人的效率矩阵

工作	人			
	甲	乙	丙	丁
译成英文	2	10	9	7
译成日文	15	4	14	8
译成德文	13	14	16	11
译成俄文	4	15	13	9

解:(1)指派问题是运输问题的一个特例,因此可以把指派问题看成是供应量和需求量都等于 1 的产销平衡运输问题,同时变量的取值是 0 或者 1(二进制)。首先建立如图 5-9 所示的分配问题的模板,然后输入相应的公式,如图 5-10 所示。

<table>
<tr><th>A</th><th>B</th><th>C</th><th>D</th><th>E</th><th>F</th><th>G</th><th>H</th><th>I</th></tr>
<tr><td colspan=9>分配问题的求解</td></tr>
<tr><td></td><td colspan=3>任务</td><td></td><td></td><td></td><td></td></tr>
<tr><td>人员</td><td>A</td><td>B</td><td>C</td><td>D</td><td></td><td></td><td></td></tr>
<tr><td>甲</td><td>2</td><td>10</td><td>9</td><td>7</td></tr>
<tr><td>乙</td><td>15</td><td>4</td><td>14</td><td>8</td></tr>
<tr><td>丙</td><td>13</td><td>14</td><td>16</td><td>11</td></tr>
<tr><td>丁</td><td>4</td><td>15</td><td>13</td><td>9</td></tr>
<tr><td></td></tr>
<tr><td>人员</td><td>A</td><td>B</td><td>C</td><td>D</td><td>实际指派次数</td></tr>
<tr><td>甲</td><td>0</td><td>0</td><td>0</td><td>0</td><td>0</td><td>=</td><td>1</td></tr>
<tr><td>乙</td><td>0</td><td>0</td><td>0</td><td>0</td><td>0</td><td>=</td><td>1</td></tr>
<tr><td>丙</td><td>0</td><td>0</td><td>0</td><td>0</td><td>0</td><td>=</td><td>1</td></tr>
<tr><td>丁</td><td>0</td><td>0</td><td>0</td><td>0</td><td>0</td><td>=</td><td>1</td></tr>
<tr><td>实际指派次数</td><td>0</td><td>0</td><td>0</td><td>0</td></tr>
<tr><td></td><td>=</td><td>=</td><td>=</td><td>=</td></tr>
<tr><td>需求人员量</td><td>1</td><td>1</td><td>1</td><td>1</td></tr>
<tr><td></td></tr>
<tr><td>最优值</td><td>0</td></tr>
</table>

图 5-9　分配问题的电子表格模板

人员	A	B	C	D	实际指派次数		
		任务					
人员	A	B	C	D			
甲	2	10	9	7			
乙	15	4	14	8			
丙	13	14	16	11			
丁	4	15	13	9			
人员	A	B	C	D	实际指派次数		
甲	0	0	0	0	=SUM(B11:E11)	=	1
乙	0	0	0	0	=SUM(B12:E12)	=	1
丙	0	0	0	0	=SUM(B13:E13)	=	1
丁	0	0	0	0	=SUM(B14:E14)	=	1
实际指派次数	=SUM(B11:B14)	=SUM(C11:C14)	=SUM(D11:D14)	=SUM(E11:E14)	0		
	=	=	=	=			
需求人员量	1	1	1	1			
最优值	=SUMPRODUCT(B4:E7,B11:E14)						

图 5-10　带公式的分配问题电子表格模板

（2）设置好模板后，需要对分配问题的求解参数进行设置，参数设置如图 5-11 所示，注意这里要设置决策变量为二进制。点击"求解"按钮，即可得如图 5-12 所示的分配问题的最优解。

图 5-11　设置分配问题的求解参数

	A	B	C	D	E	F	G	H
1			分配问题的求解					
2			任务					
3	人员	A	B	C	D			
4	甲	2	10	9	7			
5	乙	15	4	14	8			
6	丙	13	14	16	11			
7	丁	4	15	13	9			
8								
9								
10	人员	A	B	C	D	实际指派次数		
11	甲	0	0	1	0	1	=	1
12	乙	0	1	0	0	1	=	1
13	丙	0	0	0	1	1	=	1
14	丁	1	0	0	0	1	=	1
15	实际指派次数	1	1	1	1	0		
16		=	=	=	=			
17	需求人员量	1	1	1	1			
18								
19	最优值	28						

图 5-12　分配问题的最优解

 本章小结

（1）整数规划相对于线性规划，要求决策变量为整数；而最优值求整或者"枚举法"都不是普遍有效的方法。

（2）分支界定法是把整数规划问题根据最优解的整数条件分成两个分支，求解两个分支的最优解，把不满足条件的去掉，满足条件的继续分支，一直找到整数最优解为止。

（3）割平面法是把可行域中不符合整数解条件的区域去掉，得到一个新的割平面，然后求解最优解，一直到获得整数最优解为止。

（4）求解分配问题的匈牙利法是效率矩阵的每行每列都减去最小元素，使每行每列都出现"0"元素，然后根据匈牙利法求出更多的"0"元素，直到独立的"0"元素个数为效率矩阵的行数或者列数。

 思考与练习

1. 判断下列说法是否正确。

（1）整数规划问题解的目标函数值一般优于其相应的松弛问题解的目标函数值。

（2）整数规划的最优解是先求相应的线性规划的最优解然后取整得到的。

（3）指派问题效率矩阵的每个元素乘上同一个常数 k，将不影响最优指派方案。

（4）在用匈牙利法求解时，能够覆盖所有"0"元素的直线数最少为该矩阵中独立"0"元素的个数。

（5）指派问题数学模型的形式与运输问题十分相似，故可以用表上作业法求解。

（6）整数规划可行解的集合是离散型集合。

（7）用分支定界法求解一个极大化的整数规划问题，当得到多于一个的可行解时，通常可取其中一个作为下界值，经比较后确定是否进行分支。

（8）割平面法是将可行域中一部分非整数解切割掉。

2. 试利用 0-1 变量将下列各题分别表示成一般线性约束条件。

（1）$x_1 + x_2 \leqslant 2$ 或者 $2x_1 + 3x_2 \geqslant 5$。

（2）变量 x 只能在 0、3、5 或者 7 中取值。

（3）变量 x 或等于 0，或 $\geqslant 50$。

（4）若 $x_1 \leqslant 2$，则 $x_2 \geqslant 2$，否则 $x_2 \leqslant 2$。

（5）以下四个约束条件中至少满足两个：
$x_1 + x_2 \leqslant 5, x_1 \leqslant 2, x_3 \geqslant 2, x_3 + x_4 \leqslant 6$。

（6）$x = 0$，或 $1000 \leqslant x \leqslant 2000$。

3. 某钻井队要从以下 10 个可供选择的井位中确定 5 个钻井探油，目的是使总的钻探费用最少。若 10 个井位代号为 $S_1, S_2, \cdots, S_{10}$，相应的钻探费用为 $c_1, c_2, \cdots, c_{10}$，并且井位的选择要满足下列条件：

（1）或选择 S_1 和 S_7，或选择 S_8；

（2）选择了 S_3 或 S_4 就不能选 S_5，反过来也一样；

（3）在 S_2、S_6、S_9、S_{10} 中最多只能选两个。

4. 用匈牙利法求如下效率矩阵的最优解。

$$
(1)\begin{bmatrix} 3 & 8 & 2 & 10 & 3 \\ 8 & 7 & 2 & 9 & 7 \\ 6 & 4 & 2 & 7 & 5 \\ 8 & 4 & 2 & 3 & 5 \\ 9 & 10 & 6 & 9 & 10 \end{bmatrix}
\quad
(2)\begin{bmatrix} 2 & 9 & 3 & 5 & 7 \\ 6 & 1 & 5 & 6 & 6 \\ 9 & 4 & 7 & 10 & 3 \\ 2 & 5 & 4 & 4 & 1 \\ 9 & 6 & 2 & 4 & 6 \end{bmatrix}
$$

5. 某商业公司计划开办 5 家新商店，为了尽早建成营业，商业公司决定由 5 家建筑公司分别承建。已知建筑公司 $A_i(i = 1, 2, \cdots, 5)$ 对新商店 $B_j(j = 1, 2, \cdots, 5)$ 的建造费用的报价（万元）为 $c_{ij}(i, j = 1, 2, \cdots, 5)$，如表 5-6 所示。商业公司应当对 5 家建筑公司怎样分派建筑任务，才能使总的建筑费用最少？

表 5-6   建筑公司对新商店的报价

c_{ij}	B_1	B_1	B_1	B_4	B_5
A_1	4	8	7	15	12
A_2	7	9	17	14	10
A_3	6	9	12	8	7
A_4	6	7	14	6	10
A_5	6	9	12	10	6

6. 用分支定界法求解下列整数规划。

(1)
$$\max z = 3x_1 + 2x_2$$
$$\text{s.t.} \begin{cases} 2x_1 + 3x_2 \leqslant 14 \\ 2x_1 + x_2 \leqslant 9 \\ x_1, x_2 \geqslant 0 \text{ 且为整数} \end{cases}$$

(2)
$$\max z = 20x_1 + 10x_2$$
$$\text{s.t.} \begin{cases} -x_1 + 2x_2 + x_3 \leqslant 4 \\ 4x_2 - 3x_3 \leqslant 2 \\ x_1 - 3x_2 + 2x_3 \leqslant 3 \\ x_1, x_2, x_3 \geqslant 0 \text{ 且为整数} \end{cases}$$

7. 用割平面法求下列整数规划问题。

(1)
$$\max z = 7x_1 + 9x_2$$
$$\text{s.t.} \begin{cases} -x_1 + 3x_2 \leqslant 6 \\ 7x_1 + x_2 \leqslant 35 \\ x_1, x_2 \geqslant 0 \text{ 且为整数} \end{cases}$$

(2)
$$\max z = x_1 + x_2$$
$$\text{s.t.} \begin{cases} 2x_1 + 5x_2 \leqslant 16 \\ 6x_1 + 5x_2 \leqslant 30 \\ x_1, x_2 \geqslant 0 \text{ 且为整数} \end{cases}$$

8. 上海港务局第五装卸区第七装卸队在对所属的 5 个班组进行 5 条作业线的配工时,先列出了以往各班组完成某项作业的实际效率的具体数据(见表 5-7)。试给出一个效率最高的配工方案。

表 5-7 以往各班组完成作业的情况

组别	作业				
	"风益"4 舱卸钢材	"铜川"1 舱卸化肥	"风益"2 舱卸卷纸	"汉川"5 舱装砂	"汉川"3 舱装杂
1 组	400	315	2220	120	145
2 组	435	295	240	220	160
3 组	505	370	320	200	165
4 组	495	310	250	180	135
5 组	450	320	310	190	100

9. 某公司准备向华中、华南、华东和华北 4 个地区各派一位营销总监,现有 4 位人选,分别是甲、乙、丙和丁,由于他们对各地区的文化、市场、媒体等熟悉程度不同,因而不同的人在不同的地区预期创造的效益也不相同(见表 5-8)。如何将这 4 位营销总监安排到各大区域中才能使总的预期效益最大?列出其数学模型并求解。

表 5-8 不同的人在不同的地区创造的效益

人员	地区			
	华中	华南	华东	华北
甲	12	7	11	10
乙	8	10	8	9
丙	6	5	6	12
丁	4	4	4	8

10. 扬子江液化气厂负责向 5 个加气站送液化气。已知各加气站每天用气量分别为 1 吨、2 吨、3 吨、5 吨、8 吨。该厂有 4 种罐车,其容量及每运一车费用如表 5-9 所示。规定每个加气站只能由 1 辆车送气,而 1 辆车可给多个加气站送气,试建立数

学模型。

表 5-9　每辆车的容量以及运费

车号	容量	每次运费
1	4	45
2	5	50
3	6	55
4	11	60

证券营业网点设置

证券公司提出下一年发展目标是在全国范围内建立不超过 12 家营业网点。

(1) 公司拨出专款 2.2 亿元人民币用于网点建设;

(2) 为使网点布局更为科学合理,公司决定:一类地区网点不少于 3 家,二类地区网点不少于 4 家,三类地区网点不多于 5 家;

(3) 网点的建设不仅要考虑布局的合理性,更要有利于提升公司的市场份额。为此,公司提出待 12 家网点均投入运营后,其市场份额应不低于 10%;

(4) 为保证网点筹建的顺利进行,公司审慎地从现有部门中抽调出业务骨干 10 人从事筹建,分配方案为:一类地区每家网点 4 人,二类地区每家网点 3 人,三类地区每家网点 2 人;

(5) 依据证券行业管理部门提供的有关数据,结合公司的市场调研,在全国选取 20 个主要城市并进行分类,每个网点的平均投资额(b_j)、年平均利润(c_j)及交易量占全国市场平均份额(r_j)如表 5-10 所示。

表 5-10　每个网点的基本资料

	拟入选城市名称	编号	投资额(b_j)/万元	利润额(c_j)/万元	市场平均份额(r_j)/(%)
一类地区	上海	1	2500	800	1.25
	深圳	2	2400	700	1.22
	北京	3	2300	700	1.20
	广州	4	2200	650	1.00
二类地区	大连	5	2000	450	0.96
	天津	6	2000	500	0.98
	重庆	7	1800	380	0.92
	武汉	8	1800	400	0.92
	杭州	9	1750	330	0.90
	成都	10	1700	300	0.92
	南京	11	1700	320	0.88
	沈阳	12	1600	220	0.82
	西安	13	1600	200	0.84

续表

拟入选城市名称	编号	投资额(b_j)/万元	利润额(c_j)/万元	市场平均份额(r_j)/(%)
福州	14	1500	220	0.86
济南	15	1400	200	0.82
哈尔滨	16	1400	170	0.75
长沙	17	1350	180	0.78
海口	18	1300	150	0.75
石家庄	19	1300	130	0.72
郑州	20	1200	120	0.70

（三类地区，编号14～20）

试根据以上条件分析公司下一年度应选择哪些城市进行网点建设,从而使年度利润总额最大。

第六章

图与网络分析

图论是应用十分广泛的运筹学分支,它已广泛地应用在物理学、化学、控制论、信息论、科学管理、电子计算机等各个领域。在实际生活、生产和科学研究中,有很多问题可以用图论的理论和方法来解决。十七十八世纪,有一些有趣的问题,如博弈问题、迷宫问题、棋盘上棋子的行走路线之类的游戏问题吸引了很多学者,他们将这些问题抽象为点和边的数学问题,从而开辟了"图论"这门新学科。

通过本章学习,重点掌握以下知识要点:

1. 图论的基本概念;
2. 最小部分树的性质以及求解;
3. 求最短路的算法;
4. 最大流的定义以及算法;
5. 求最小费用流的算法。

在 18 世纪的欧洲有个小城镇叫哥尼斯堡(今俄罗斯加里宁格勒),有一条河——普雷格尔河把这个城镇一分为二。在这条河的中间有两个小岛,在河的两岸以及小岛之间有七座小桥相连通,如图 6-1 所示。当时,该城镇的居民热衷于讨论这样一个问题:一个人怎样才能一次走遍七座桥,且每座桥只走过一次最后回到原点?大家都试图找出问题的答案,但没有人能够找到这样的走法,又无法说明这种走法不存在,这就是著名的哥尼斯堡七桥问题。

1736 年欧拉(L. Euler)发表了图论方面的第一篇论文。欧拉用 A、B、C、D 表示 4 个区域,用 7 条线表示 7 座桥,将哥尼斯堡七桥问题抽象为一个点和边的问题,如图 6-2 所示,从而将该问题抽象为一个数学问题:能否从某一点出发,经过图中每条边一次且仅一次,并回到出发点,即一笔画问题。符合要求的路线也被称为欧拉回路。

欧拉论证了这样的回路是不存在的,并且将问题进行了一般化处理,即对于任意多的点和边给出了是否存在欧拉回路的判断规则:只有奇点的个数为 0 个或者 2 个时,才能找到欧拉回路。

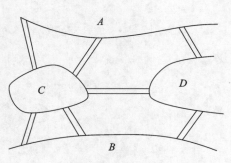

图 6-1　哥尼斯堡七桥问题示意图

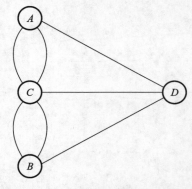

图 6-2　哥尼斯堡七桥问题的图论模型

1936 年匈牙利数学家柯尼希(DénesKönig)写了关于图论的第一本专著《有限图与无限图的理论》。随着计算机的发展,离散数学问题具有越来越重要的地位,作为提供离散模型的图论得到了迅速发展。

第一节　图的基本概念

在大自然与人类社会中,大量的事物以及事物之间的关系,都可以用图形来表示。如为了反映几家企业之间的联系,可以用点表示企业,用两点之间的连线表示企业之间有联系。物质结构、城市规划、交通运输以及物质调配等都可以用点和线连接起来的图来表示。这里所研究的图与平面几何中的图不同,这里的图只关心图中有多少点,点与点之间有无连线,对于连线是直线还是曲线,点与点之间的相对位置如何都是无关紧要的。总之,这里所讲的图是反映对象之间关系的一种工具。图论就是研究从形形色色的具体的图以及与它们相关的实际问题中抽象出共同性的东西,并找出其规律、性质与方法,再应用到要解决的实际问题中去。

如果用点表示研究的对象,用边表示这些对象之间的联系,则图 G 可以定义为点和边的集合,记作 $G = \{V, E\}$,式中 V 是点的集合,E 是边的集合。如果给图中的点和边赋予具体的含义和权数,如距离、费用、容量等,则称这样的图为网络图,记作 N。现通过具体的图例(见图 5-3)来介绍有关的概念。

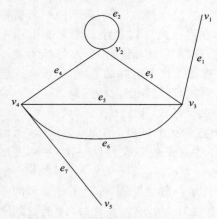

图 6-3　含有点和边的图例

在图 6-3 中 $V = \{v_1, v_2, v_3, v_4, v_5\}$,$E = \{e_1, e_2, e_3, e_4, e_5, e_6, e_7\}$。每条边都可用它所连接的点表示,如 $e_1 = [v_1, v_3]$,$e_2 = [v_2, v_2]$,$e_3 = [v_2, v_3]$。

1)端点,关联边,相邻

若有边 $e = [v_i, v_j]$,则称 v_i 和 v_j 是 e 的端点,而边 e 为点 v_i 或 v_j 的关联边。若点 v_i, v_j 和同一条边关联,则称点 v_i 和 v_j 相邻;若边 e_i 和 e_j 具有公共的端点,则称边 e_i 和 e_j 相邻。

2)环,多重边,简单图

若边 e 的两个端点相重合,称该边为环,如图 6-3 中边 e_2 为环。如果两个点之间的边多于一条,称为具有多重边,如图 6-3 中的 v_3 和 v_4 之间具有两条边 e_5 和 e_6。无环、无多重边的图称作简单图。

3）次,奇点,偶点,孤立点

与某一个点 v_i 相关联的边的数目称为点 v_i 的次,也叫作度或线度,记作 $d(v_i)$。图 6-3 中 $d(v_1)=1,d(v_2)=4,d(v_3)=4$。次为奇数的点称为奇点,次为偶数的点称为偶点,次为 0 的点称作孤立点。

4）链,圈,路,回路,连通图

若图中存在点和边的交替序列,如 $u=\{v_0,e_1,v_1,\cdots,e_k,v_k\}$,其中各边 $e_1,e_2,\cdots,e_k$ 互不相同,且对任意的 $1\leqslant t\leqslant k,v_{t-1}$ 和 v_t 相邻,则称 u 为链。若链中所有的顶点 $v_0,v_1,\cdots,v_k$ 也不相同,这样的链称为路。在图 6-3 中 $u_1=\{v_1,e_1,v_3,e_3,v_2,e_4,v_4,e_6,v_3,e_5,v_4,e_7,v_5\}$ 是一条链,$u_2=\{v_1,e_1,v_3,e_6,v_4,e_7,v_5\}$ 也是一条链,可称作路。u_1 中因端点 v_3、v_4 重复出现不能称作路。起点与终点相重合的链称作圈,起点与终点重合的路称作回路。如果在一个图中,每一对顶点之间至少存在一条链,则称这样的图为连通图,否则称该图是不连通的。

5）完全图,偶图

若一个简单图中任意两点之间均有边相连,则称这样的图为完全图。一个含有 n 个顶点的完全图,其边数有 $C_n^2=\frac{1}{2}n(n-1)$ 条。如果图的顶点能分成两个互不相交的非空集合 v_1 和 v_2,使在同一集合中任意两个端点均不相邻,称这样的图为偶图(也称二分图)。如果偶图的顶点集合 v_1、v_2 之间的每一对不同端点都有一条边相连,称这样的图为完全偶图。完全偶图中 v_1 含 m 个顶点,v_2 含 n 个顶点,则其边共为 $m\times n$ 条。

6）子图,部分图

在图 $G_1=\{V_1,E_1\}$ 和 $G_2=\{V_2,E_2\}$ 中,如果存在 $V_1\subseteq V_2,E_1\subseteq E_2$,则称 G_1 是 G_2 的一个子图。如果 $V_1=V_2,E_1\subset E_2$,则称 G_1 是 G_2 的一个部分图。图 6-4（a）是图 6-3 的一个子图,图 6-4（b）是图 6-3 的部分图。一般来讲部分图也是子图,但子图不一定是部分图。

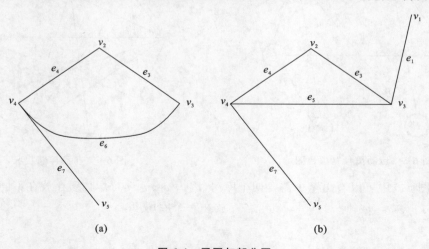

图 6-4　子图与部分图

对要研究的问题确定具体对象及这些对象间的性质联系,可以在图上用点和线的形式表示出来,这就是对研究的问题建立图的模型。建立图的模型的方法往往能帮助我们解决一些用其他方法难以解决的问题。

例 1 有甲、乙、丙、丁、戊、已六名运动员报名参加 A、B、C、D、E、F 六个项目的比赛,表 6-1中打 √ 的是各运动员报名参加的比赛项目。问六个项目的比赛顺序应如何安排,才能做到每名运动员都不连续地参加两项比赛。

表 6-1 运动员参加的项目

	A	B	C	D	E	F
甲	√			√		
乙	√	√				
丙			√		√	
丁	√					√
戊		√			√	
已			√	√		

解: 把比赛项目作为研究对象,用点表示,若两个项目之间有同一名运动员参加,则在这两个项目之间连一条边,如图 6-5 所示,在该图中只要找出一个点的序列,使一次排列的两个点不相邻,就能使每名运动员不连续地参加两项比赛。从图 6-5 看到,满足上述要求的序列有很多,D、E、F、B、C、A 就是其中之一。

例 2 某单位存储八种化学药品,其中某些药品不能存放在某一库房内,v_1,v_2,…,v_8 分别代表这八种药品。若药品 v_i 和 v_j 不能存放在一个库房内,则连接 v_i 与 v_j 得到一条边,如图 6-6 所示。问:至少需要几个库房存储这八种药品?

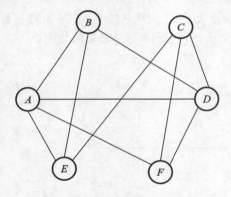

图 6-5 运动员参赛项目图

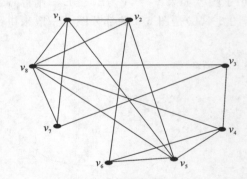

图 6-6 药品存储状况

解: 从图 6-6 中可以看出至少需要四个库房,因为 v_1、v_2、v_5、v_8 必须存放在不同的库房里,如 $\{v_1, v_6\}$、$\{v_2, v_4, v_7\}$、$\{v_3, v_5\}$、$\{v_8\}$ 各存放在一个库房里。

第二节 树图和图的最小部分树

树图是大自然中一类简单而十分有用的图。树图的定义是无圈的连通图。这类图与大自然中树的特征相似,因而得名树图。铁路专用线、管理组织机构、城市管道和一些决策过程往往都可以用树图的形式表示。如六个城市之间需要用道路连接，要求任意两个城市之间都是连通的，但是要求道路条数最少，而且总长度最短。如图 6-7 所示，用六个点代表六个城市，任意两个城市都是连通的，而且不含有一个圈，因此该图就是树图。

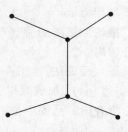

图 6-7　六个城市的树图

一、树图的性质

根据树图的定义，可以推导出树图的性质：

性质 1　任何树图中必存在次为 1 的点。

证：（反证法）若树图中任何点的次均不为 1，且连通图中不存在孤立点，故树图中所有节点的次 $\geqslant 2$。不妨假定节点 v_1 的次为 2，即 v_1 有两条关联边，设关联边的其他两个端点为 v_2、v_3，因 v_2 和 v_3 的次均大于等于 2，又知与 v_2、v_3 关联的边的其他端点 v_4、v_5、v_6、v_7，同样 v_4、v_5 的次也大于等于 2，可继续一直往下推。由于图上顶点的总数是有限的，因此最后必然回到前面某一个顶点，于是在图中出现圈，这与树的定义矛盾，由此得证。

一般称次为 1 的点为悬挂点，与悬挂点关联的边称为悬挂边。很显然，如果从树图中拿掉悬挂点及与其关联的悬挂边，余下的点和边构成的图形仍连通且无圈，则还是一个树图。

性质 2　具有 n 个顶点的树图的边数恰好为 $(n-1)$ 条。

证：（归纳法）当 $n=2$ 和 $n=3$ 时上述性质显然成立。假定 $n=k-1$ 时上述性质成立，则当 $n=k$ 时，因树图中至少有一个悬挂点，我们可将这个悬挂点及关联的悬挂边从树图中拿掉，根据前述，剩下的图形仍为树图。故这时图中有 $(k-1)$ 个点，据假定应有 $(k-2)$ 条边。再把拿掉的悬挂点及悬挂边放回去，说明树图中含 k 个点时，边数为 $(k-1)$ 条，由此得证。

性质 3　任何具有 n 个点、$(n-1)$ 条边的连通图是树图。

证：（反证法）假定这个图中有圈，则从圈中拿掉任意一条边，图仍连通。如果仍有圈，则继续从圈中拿掉任意一条边，这样继续下去，一直到图中没有任何圈为止，由于剩下的图仍连通且无圈，故仍为树图，但这时图中的点有 n 个，而边数却少于 $(n-1)$ 条，这与性质 2 矛盾，由此得证。

以上性质说明：

（1）在树图上只要任意再加上一条边，必定会出现圈。

（2）由于树图是无圈的连通图，即树图的任意两个点之间有一条且仅有一条唯一通路。因此树图也是最脆弱的连通图。只要从树图中取走任一条边，图就不连通。因此一些重要的网络不能按树图的结构设计。

二、图的最小部分树

如果 G_1 是 G_2 的部分图，又是树图，则称 G_1 是 G_2 的部分树（或支撑树）。树图的各条边称为树枝，一般图 G_2 含有多个部分树，其中树枝总长最小的部分树，称为该图的最小部分树（也称最小支撑树，minimum spanning tree）。

定理 1　图中任一个点 i，若 j 是 i 相邻点中距离最近的点，则边 $[i,j]$ 一定含在该图的最小部分树内。

证：（反证法）如图 6-8 所示，设 $[i,j]$ 不在最小部分树内，将这条边加上去，图中必出现圈。假定图中点 i 的原关联边是 $[i,k]$，根据给定条件，有 $[i,k]>[i,j]$。因在树图中加上边 $[i,j]$，再拿走边 $[i,k]$，该图仍为树图，但树枝总长度减少了，所以原来的树必不是最小部分

树。定理得证。

推论 把图的所有点分成 v 和 $\bar{v}$ 两个集合，则两集合之间连线的最短边一定包含在最小部分树内。

证：(反证法)如图 6-9 所示，$[i,j]$ 是 v 和 $\bar{v}$ 两集合之间连线中最短边，但不在最小部分树内，将边 $[i,j]$ 加到原树图内必出现圈，圈中至少还有另一条边 $[m,k]$，其端点分别在 v 和 $\bar{v}$ 两个集合内。从圈中把 $[m,k]$ 拿掉，加进 $[i,j]$ 仍是树图，且树枝总长数值比原来的小。

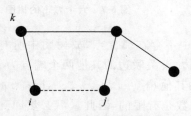

图 6-8 j 是 i 距离最近的点

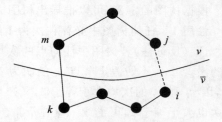

图 6-9 两集合之间连线

三、求解最小部分树

求一个连通图 G 的最小部分树问题称为最小树问题，求最小树的方法有破圈法和避圈法。

(1) 根据上述定理及推论，用"避圈法"在给定的图中寻找最小部分树的步骤是：

①从图中任选一点 v_i，让 $v_i \in V$，图中其余点均包含在 $\bar{V}$ 中；

②从 V 与 $\bar{V}$ 的连线中找出最小边，这条边一定包含在最小部分树内，不妨设最小边为 $[v_i,v_j]$，将 $[v_i,v_j]$ 加粗，以标记为最小部分树内的边；

③令 $V \cup v_i \Rightarrow V$，$\bar{V} \backslash v_i \Rightarrow \bar{V}$；

④重复②③两步，直到图中所有点均包含在 V 中为止。

(2) 另一种从给定图中产生最小部分树的方法称为"破圈法"，从网络图 N 中任取一回路，去掉这个回路中权数最大的一条边，得一子网络图 N_1。在 N_1 中再任取一回路，再去掉回路中权数最大的一条边，得 N_2，如此继续下去，一直到剩下的子图中不再含回路为止。该子图就是 N 的最小部分树。

例3 求如图 6-10 所示网络图的最小部分树。

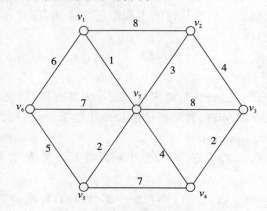

图 6-10 求最小部分树的网络图

解: (1) 避圈法。先从图 6-10 中任选一点 v_1 ,令 $v_1 \in V$,其余点 $\in \overline{V}$,V 与 $\overline{V}$ 之间的最短边为 $[v_1, v_7]$,将该边加粗,以标记它是最小部分树内的边,再令 $V \bigcup v_7 \Rightarrow V$,$\overline{V} \backslash v_7 \Rightarrow \overline{V}$ 。重复上述步骤,直到连通所有点。其过程如图 6-11(a)~(f) 所示,其中图 6-11(f) 中加粗的边即为该网络图的最小部分树。该最小部分树总长为 $z(T) = 1 + 3 + 2 + 4 + 2 + 5 = 17$ 。

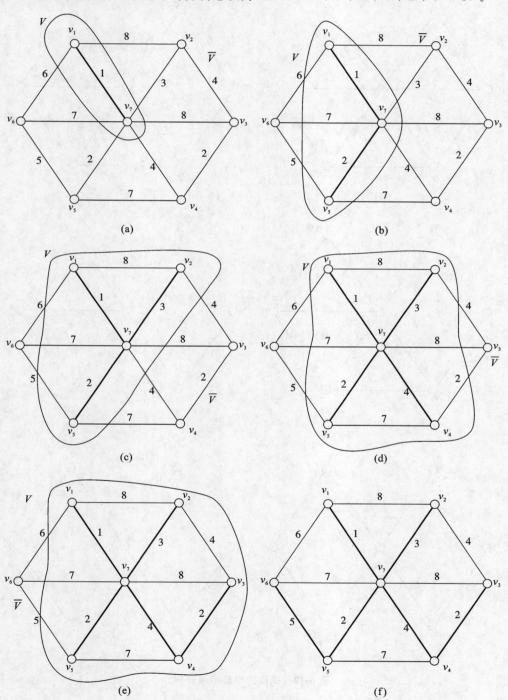

图 6-11 避圈法求最小部分树的过程

（2）破圈法。从图 6-10 中任取一回路，如 $v_1v_2v_7$，去掉最大边 $[v_1v_2]$，得 N_1；从 N_1 中任取一回路 $v_1v_6v_7$，去掉最大边 $[v_6,v_7]$，得 N_2；依此类推，N_6 为最小部分树，具体过程如图 6-12(a)～(f) 所示，该网络图的最小部分树总长为 $z(T) = 1+3+2+4+2+5 = 17$。

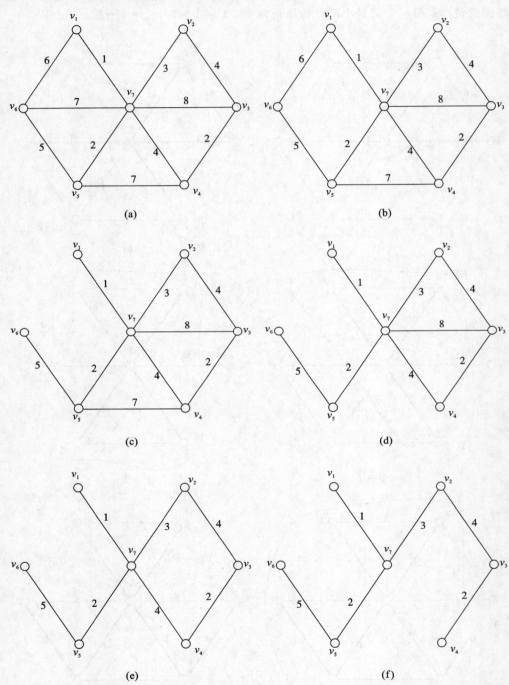

图 6-12 破圈法求最小部分树

第三节　最短路

最短路问题,一般来说就是从给定的网络图中找出任意两点之间距离最短的一条路。这里说的距离只是权数的代称,在实际的网络中,权数也可以是时间、费用等等。有些问题,如选址、管道铺设时的选线、设备更新、投资、某些整数规划和动态规划的问题,也可以归结为求最短路的问题。因此,这类问题在生产实际中得到广泛应用。

求最短路有两种情况:一是求从某一点至其他各点之间最短距离的 Dijkstra 算法,另一种是求网络图上任意两点之间最短距离的矩阵算法。

一、Dijkstra 算法

这种算法的基本思路是:假定 $v_1 \rightarrow v_2 \rightarrow v_3 \rightarrow v_4$ 是 $v_1 v_4$ 的最短路线(见图 6-13),则 $v_1 \rightarrow v_2 \rightarrow v_3$ 一定是 $v_1 \rightarrow v_3$ 的最短路,$v_2 \rightarrow v_3 \rightarrow v_4$ 一定是 $v_2 \rightarrow v_4$ 的最短路。否则 $v_1 \rightarrow v_3$ 之间的最短路为 $v_1 \rightarrow v_5 \rightarrow v_3$,就有 $v_1 \rightarrow v_5 \rightarrow v_3 \rightarrow v_4$ 的路必小于 $v_1 \rightarrow v_2 \rightarrow v_3 \rightarrow v_4$,这与原假设矛盾。

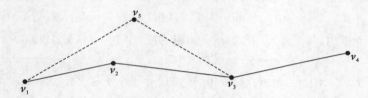

图 6-13　Dijkstra **算法基本思路**

若用 d_{ij} 表示图中两相邻点 i 与 j 的距离,若 i 与 j 不相邻,则 $d_{ij} \rightarrow \infty$,显然 $d_{ii} = 0$,若用 L_{si} 表示从 s 点到 i 点最短距离,现要求从点 s 到某一点 t 的最短路径,用 Dijkstra 算法时步骤如下:

(1) 从 s 点出发,因 $L_{ss} = 0$,将此值标注在点 s 旁的小方框内,表示点 s 已标号;

(2) 从 s 点出发,找出与点 s 相邻的点中距离最小的一个,设为点 r,将 $L_{sr} = L_{ss} + d_{sr}$ 的值标注在 r 旁的小方框内,表明点 r 也已标号;

(3) 从已标号的点出发,找出与这些点相邻的所有未标号点 p,若有 $L_{sp} = \min\{L_{ss} + d_{sp};L_{sr} + d_{rp}\}$,则对 p 点标号,并将 L_{sp} 的值标注在 p 点旁的小方框内;

(4) 重复第 3 步,一直到点 t 得到标号为止。

例 4　见图 6-14,求该图中从 v_1 到 v_7 的最短路径。

解: 用 Dijkstra 算法求解的步骤如下:

(1) 从点 v_1 出发,对 v_1 标号,将 $L_{11} = 0$ 标注在 v_1 旁的小方框内。令 $v_1 \in V$,其余点属于 $\overline{V}$,如图 6-15(a)所示。

(2) 同 v_1 相邻的未标号点有 v_2、v_3、v_4,$L_{1r} = \min(d_{14}, d_{12}, d_{13}) = \min\{7, 3, 4\} = 3 = L_{12}$,即对点 v_2 标号,将 L_{12} 的值标注在 v_2 旁的小方框内,将 $[v_1, v_2]$ 加粗,并令 $V \bigcup v_2 \rightarrow V$,$\overline{V} \backslash v_2 \rightarrow \overline{V}$,如图 6-15(b)所示。

(3) 同标号点 v_1、v_2 相邻的未标号点有 v_3、v_4、v_5,因有 $L_{1r} =$

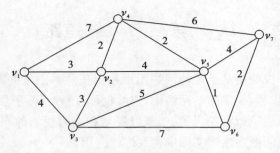

图 6-14　各点之间的距离

$\min\{d_{13},L_{12}+d_{23},d_{14},L_{12}+d_{25}\}=\min\{4,6,7,7\}=4=L_{13}$，故对 v_3 标号，将 L_{13} 的值标注在 v_3 旁的小方框内，将 $[v_1,v_3]$ 加粗，并令 $V\bigcup v_3\rightarrow V,\overline{V}\backslash v_3\rightarrow\overline{V}$，如图 6-15(c)所示。

（4）同标号点 v_1、v_2、v_3 相邻的未标号点有 v_4、v_5、v_6，因有 $L_{1r}=\min\{d_{14},L_{12}+d_{24},L_{12}+d_{25},L_{13}+d_{35},L_{13}+d_{36}\}=\min\{7,5,7,9,11\}=5=L_{14}$，故对 v_4 标号，将 L_{14} 的值标注在 v_4 旁的小方框内，将 $[v_1,v_4]$ 加粗，并令 $V\bigcup v_4\rightarrow V,\overline{V}\backslash v_4\rightarrow\overline{V}$，如图 6-15(d)所示。

（5）同标号点 v_1、v_2、v_3、v_4 相邻的未标号点有 v_5、v_6、v_7，因有 $L_{1r}=\min\{L_{14}+d_{45},L_{12}+d_{25},L_{13}+d_{35},L_{13}+d_{36},L_{14}+d_{47}\}=\min\{7,7,9,11,11\}=7=L_{15}$，故对 v_5 标号，将 L_{15} 的值标注在 v_5 旁的小方框内，将 $[v_2,v_5][v_4,v_5]$ 加粗，并令 $V\bigcup v_5\rightarrow V,\overline{V}\backslash v_5\rightarrow\overline{V}$，如图 6-15(e)所示。

（6）同标号点 v_1、v_2、v_3、v_4、v_5 相邻的未标号点有 v_6、v_7，因有 $L_{1r}=\min\{L_{13}+d_{36},L_{15}+d_{56},L_{14}+d_{47},L_{15}+d_{57}\}=\min\{11,8,11,11\}=8=L_{16}$，故对 v_6 标号，将 L_{16} 的值标注在 v_6 旁的小方框内，将 $[v_5,v_6]$ 加粗，并令 $V\bigcup v_6\rightarrow V,\overline{V}\backslash v_6\rightarrow\overline{V}$，如图 6-15(f)所示。

（7）同标号点 v_1、v_2、v_3、v_4、v_5、v_6 相邻的未标号点只有 v_7，因有 $L_{1r}=\min\{L_{14}+d_{47},L_{15}+d_{57},L_{16}+d_{67}\}=\min\{11,11,10\}=10=L_{17}$，故对 v_7 标号，将 L_{17} 的值标注在 v_7 旁的小方框内，将 $[v_6,v_7]$ 加粗。图 6-15(g)中粗线表明了从点 v_1 到网络中其他各点的最短路径，各点方框中的数字是从 v_1 点到各点的最短距离。

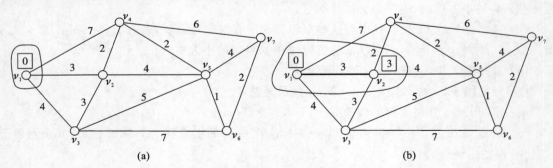

图 6-15　求最短路径的图示

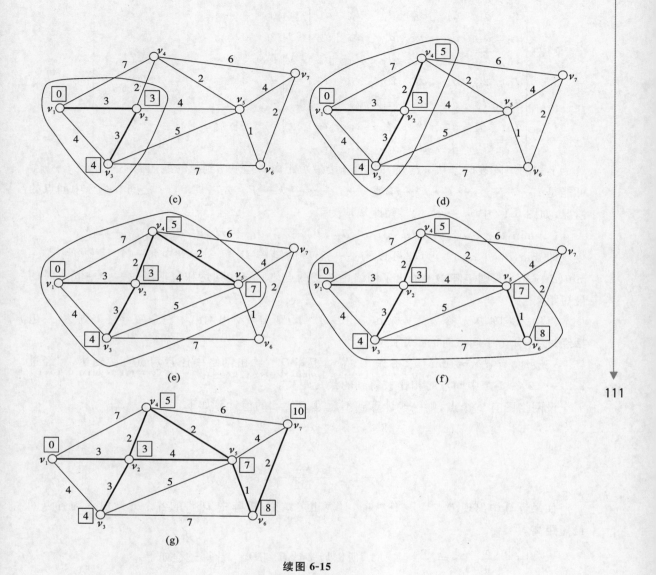

续图 6-15

二、求任意两点间最短距离的矩阵算法

Dijkstra 算法提供了从网络图中某一点到其他点的最短距离。但实际问题中往往要求网络任意两点之间的最短距离,如果仍采用 Dijkstra 算法对各点分别计算,就显得很麻烦。下面介绍求网络各点间最短距离的矩阵算法。

例 5　用矩阵算法求图 6-14 中各点之间的最短距离。

解:定义 d_{ij} 为图中两相邻点的距离,若 i 与 j 不相邻,令 $d_{ij} = \infty$,由此可得:

$$\begin{bmatrix} d_{11} & d_{12} & d_{13} & d_{14} & d_{15} & d_{16} & d_{17} \\ d_{21} & d_{22} & d_{23} & d_{24} & d_{25} & d_{26} & d_{27} \\ d_{31} & d_{32} & d_{33} & d_{34} & d_{35} & d_{36} & d_{37} \\ d_{41} & d_{42} & d_{43} & d_{44} & d_{45} & d_{46} & d_{47} \\ d_{51} & d_{52} & d_{53} & d_{54} & d_{55} & d_{56} & d_{57} \\ d_{61} & d_{62} & d_{63} & d_{64} & d_{65} & d_{66} & d_{67} \\ d_{71} & d_{72} & d_{73} & d_{74} & d_{75} & d_{76} & d_{77} \end{bmatrix} = \begin{bmatrix} 0 & 3 & 4 & 7 & \infty & \infty & \infty \\ 3 & 0 & 3 & 2 & 4 & \infty & \infty \\ 4 & 3 & 0 & \infty & 5 & 7 & \infty \\ 7 & 2 & \infty & 0 & 2 & \infty & 6 \\ \infty & 4 & 5 & 2 & 0 & 1 & 4 \\ \infty & \infty & 7 & \infty & 1 & 0 & 2 \\ \infty & \infty & \infty & 6 & 4 & 2 & 0 \end{bmatrix}$$

上式的矩阵表明了从 i 点到 j 点的直接最短距离。但从 i 到 j 的最短路不一定是 $i \to j$，可能是 $i \to l \to j, i \to l \to k \to j$，或 $i \to l \to \cdots \to k \to j$。先考虑 i 与 j 之间有一个中间点的情况,如图 6-14 中 $v_1 \to v_2$ 的最短距离应为

$$\min\{d_{11} + d_{12}, d_{12} + d_{22}, d_{13} + d_{32}, d_{14} + d_{42}, d_{15} + d_{52}, d_{16} + d_{62}, d_{17} + d_{72}\}$$

即 $\min\{d_{1r} + d_{r2}\}$。为此可以构造一个新的矩阵 $\boldsymbol{D}^{(1)}$,令 $\boldsymbol{D}^{(1)}$ 中每一个元素 $d_{ij}^{(1)} = \min\{d_{ir} + d_{rj}\}$,则矩阵 $\boldsymbol{D}^{(1)}$ 给出了网络中任意两点之间直接到达和包括经过一个中间点时的最短距离。

再构造矩阵 $\boldsymbol{D}^{(2)}$,令 $d_{ij}^{(2)} = \min\{d_{ir}^{(1)} + d_{rj}^{(1)}\}$,则 $\boldsymbol{D}^{(2)}$ 给出网络中任意两点直接到达,及包括经过 1—3 个中间点时的最短距离。

一般地,有 $d_{ij}^{(k)} = \min\{d_{ir}^{(k-1)} + d_{rj}^{(k-1)}\}$,矩阵 $\boldsymbol{D}^{(k)}$ 给出网络中任意两点直接到达,和经过 $1, 2, \cdots, 2^k - 1$ 个中间点时相比较得到的最短距离。

设网络图有 p 个点,则一般计算到不超过 $\boldsymbol{D}^{(k)}$。k 的值计算如下:

$$2^{k-1} - 1 < p - 2 \leqslant 2^k - 1$$

即

$$k - 1 < \frac{\lg(p-1)}{\lg 2} \leqslant k$$

如果计算中出现 $\boldsymbol{D}^{(m+1)} = \boldsymbol{D}^{(m)}$ 时,计算也可结束,矩阵中 $\boldsymbol{D}^{(m)}$ 的各个元素值即为各点间最短距离。

本例中 $\dfrac{\lg(p-1)}{\lg 2} = \dfrac{\lg 6}{\lg 2} \approx 2.6$,所以最多计算到 $\boldsymbol{D}^{(3)}$,计算过程如下。

$$\boldsymbol{D}^{(0)} = \boldsymbol{W} = \begin{bmatrix} 0 & 3 & 4 & 7 & \infty & \infty & \infty \\ 3 & 0 & 3 & 2 & 4 & \infty & \infty \\ 4 & 3 & 0 & \infty & 5 & 7 & \infty \\ 7 & 2 & \infty & 0 & 2 & \infty & 6 \\ \infty & 4 & 5 & 2 & 0 & 1 & 4 \\ \infty & \infty & 7 & \infty & 1 & 0 & 2 \\ \infty & \infty & \infty & 6 & 4 & 2 & 0 \end{bmatrix}$$

$$D^{(1)}=D^{(0)} \cdot D^{(0)}=\begin{bmatrix} 0 & 3 & 4 & 7 & \infty & \infty & \infty \\ 3 & 0 & 3 & 2 & 4 & \infty & \infty \\ 4 & 3 & 0 & \infty & 5 & 7 & \infty \\ 7 & 2 & \infty & 0 & 2 & \infty & 6 \\ \infty & 4 & 5 & 2 & 0 & 1 & 4 \\ \infty & \infty & 7 & \infty & 1 & 0 & 2 \\ \infty & \infty & \infty & 6 & 4 & 2 & 0 \end{bmatrix} \begin{bmatrix} 0 & 3 & 4 & 7 & \infty & \infty & \infty \\ 3 & 0 & 3 & 2 & 4 & \infty & \infty \\ 4 & 3 & 0 & \infty & 5 & 7 & \infty \\ 7 & 2 & \infty & 0 & 2 & \infty & 6 \\ \infty & 4 & 5 & 2 & 0 & 1 & 4 \\ \infty & \infty & 7 & \infty & 1 & 0 & 2 \\ \infty & \infty & \infty & 6 & 4 & 2 & 0 \end{bmatrix}$$

$$=\begin{bmatrix} 0 & 3 & 4 & 5 & 7 & 11 & 13 \\ 3 & 0 & 3 & 2 & 4 & 5 & 8 \\ 4 & 3 & 0 & 5 & 5 & 6 & 9 \\ 5 & 2 & 5 & 0 & 2 & 3 & 6 \\ 7 & 4 & 5 & 2 & 0 & 1 & 3 \\ 11 & 5 & 6 & 3 & 1 & 0 & 2 \\ 13 & 8 & 9 & 6 & 3 & 2 & 0 \end{bmatrix}$$

$$D^{(2)}=D^{(1)} \cdot D^{(1)}=\begin{bmatrix} 0 & 3 & 4 & 5 & 7 & 8 & 10 \\ 3 & 0 & 3 & 2 & 4 & 5 & 7 \\ 4 & 3 & 0 & 5 & 5 & 6 & 8 \\ 5 & 2 & 5 & 0 & 2 & 3 & 5 \\ 7 & 4 & 5 & 2 & 0 & 1 & 3 \\ 8 & 5 & 6 & 3 & 1 & 0 & 2 \\ 10 & 7 & 8 & 5 & 3 & 2 & 0 \end{bmatrix}$$

$$D^{(3)}=D^{(2)} \cdot D^{(2)}=\begin{bmatrix} 0 & 3 & 4 & 5 & 7 & 8 & 10 \\ 3 & 0 & 3 & 2 & 4 & 5 & 7 \\ 4 & 3 & 0 & 5 & 5 & 6 & 8 \\ 5 & 2 & 5 & 0 & 2 & 3 & 5 \\ 7 & 4 & 5 & 2 & 0 & 1 & 3 \\ 8 & 5 & 6 & 3 & 1 & 0 & 2 \\ 10 & 7 & 8 & 5 & 3 & 2 & 0 \end{bmatrix}$$

由于 $D^{(3)}=D^{(2)}$，结束运算，求得各点之间的最短距离。

例6 假定图 6-14 中 v_1、v_2、v_3、v_4、v_5、v_6、v_7 为七个村子,决定要联合办一所小学。已知 v_1 至 v_7 各村的小学生人数分别为 40、25、45、30、20、35、50,则小学应建在哪一个村子,才能使小学生上学走的总路程为最短。

解:将上例中计算得到的 $D^{(3)}$ 的第一行乘 v_1 村的小学生人数,则乘积数字为假定小学建于各个村时, v_1 村小学生上学单程所走路程。将 $D^{(3)}$ 第二行数字乘 v_2 村小学生人数,得小学建于各个村子时, v_2 村小学生上学所走路程。以此类推可计算得到表 6-2,表 6-2 最下面一行为各行累加数字,表明若小学建于 v_i 村时,七个村子小学生累计的一次单程上学路程。

表 6-2 小学生所走的路程

	v_1	v_2	v_3	v_4	v_5	v_6	v_7
小学建于下列村子时小学生上学所走路程							
	0	120	160	200	280	320	400
	75	0	75	50	100	125	175
	180	135	0	225	225	270	360
	150	60	150	0	60	90	150
	140	80	100	40	0	20	60
	280	175	210	105	35	0	70
	500	350	400	250	150	100	0
Σ	1325	920	1095	870	850	925	1215

由表中累加数可知,该小学应建在 v_5 村。

第四节 最大流

许多系统包含了流量问题,例如公路系统中有车辆流,控制系统中有信息流,供水系统中有水流,金融系统中有现金流等。对于这样一些包含了流量问题的系统,往往要求出系统的最大流量。

一、网络最大流的有关概念

1. 有向图与容量网络

本章前面章节中研究的都是无向图,即图中两点之间的连线没有规定方向,但研究流量问题时情况就不同,如供水管道中水流总是从水厂流向用户,电网中电流总是从高压流向低压处等,因此要在有向图中进行研究。有向图上的连线是具有规定指向的,称作弧。弧的代号是 (v_i, v_j),表明方向是从 v_i 点指向 v_j 点,有向图是点与弧的集合,记作 $D(V, A)$。

对网络流的研究是在容量网络上进行的,所谓容量网络是指该网络上的每条弧 (v_i, v_j) 都有一个最大的通过能力,称为该弧的容量,记为 $c(v_i, v_j)$,或简写为 c_{ij}。在容量网络中通常规定一个发点(也称源,即为 s)和一个收点(也称汇点,即为 t),网络中既非发点又非收点的其他点称为中间点。对有多个发点和多个收点的网络,可以另外虚设一个总发点和一个总收点,并将其分别与各发点、收点连接起来转换为只含一个发点和一个收点的网络。

2. 流与可行流

所谓流是指加在网络各条弧上的一组负载量,对加在弧 (v_i, v_j) 上的负载量记作 $f(v_i, v_j)$,或简写为 f_{ij}。若网络上所有的 $f_{ij} = 0$,则称这个流为零流。

在容量网络上满足如下两个限制条件的一组流为可行流:

(1)容量限制条件,对所有弧有

$$0 \leqslant f(v_i, v_j) \leqslant c(v_i, v_j)$$

(2)中间点平衡条件

$$\sum f(v_i, v_j) - \sum f(v_j, v_i) = 0 \quad (i \neq s, t)$$

114

若以 $v(f)$ 表示网络中从 $s \rightarrow t$ 的流量,则对于发点 v_s 有

$$\sum_{(v_s,v_j) \in A} f_{sj} - \sum_{(v_j,v_s) \in A} f_{js} = v(f)$$

对于收点 v_t 有

$$\sum_{(v_t,v_j) \in A} f_{tj} - \sum_{(v_j,v_t) \in A} f_{jt} = -v(f)$$

因零流是可行流,任何网络上一定存在可行流。所谓求网络的最大流,是指满足容量限制条件和中间点平衡的条件下,使 $v(f)$ 值达到最大,用公式表示即

$$\begin{cases} 0 \leqslant f_{ij} \leqslant c_{ij} & (v_i, v_j) \in A \\ \sum f_{ij} - \sum f_{ji} = \begin{cases} v(f) & (i = s) \\ 0 & (i \neq s, t) \\ -v(f) & (i = t) \end{cases} \end{cases}$$

显然这是一个线性规划问题,但是由于网络的特殊性,我们可以寻求比单纯形法要简单得多的方法来求解。

二、割和流量

所谓割是指将容量网络众多发点和收点分割开,并使 $s \rightarrow t$ 的流中断的一组弧的集合。如图 6-16 所示,各弧旁标注为 $c_{ij}(f_{ij})$,c_{ij} 为弧 (i,j) 的容量,f_{ij} 为加载在弧 (i,j) 上的流量,KK 将网络图上的点分割成 V 和 $\overline{V}$ 两个集合,并有 $s \in V, t \in \overline{V}$,称弧的集合 $(V, \overline{V}) = \{(v_1, t), (v_1, v_2)(s, v_2)(s, t)\}$ 是一个割,割的容量是组成它的集合中的各弧的容量之和,用 $c(V, \overline{V})$ 表示,由此

$$c(V, \overline{V}) = \sum_{(i,j) \in (V,\overline{V})} c(v_i, v_j)$$

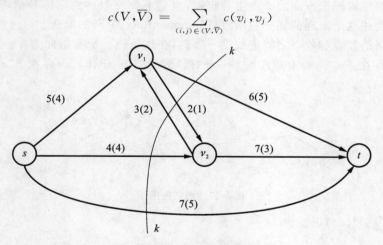

图 6-16 割的示意图

注意在组成上述割的弧集中不包含 (v_2, v_1) 是因为即使这条弧不割断的话,从 $s \rightarrow t$ 的流仍然中断。

考虑 KK 的不同画法,可以找出网络图 6-16 中的全部不同的割,详见表 6-3。

表 6-3   图 6-16 所有的割

V	$\overline{V}$	割	割的容量
s	v_1,v_2,t	$(s,v_1)(s,v_2)(s,t)$	16
s,v_1	v_2,t	$(v_1,t)(v_1,v_2)(s,v_2)(s,t)$	19
s,v_2	v_1,t	$(s,v_1)(v_2,v_1)(v_2,t)(s,t)$	22
s,v_1,v_2	t	$(v_1,t)(v_2,t)(s,t)$	20

若用 $f(V,\overline{V})$ 表示通过割 $(V,\overline{V})$ 中所有 $V\to\overline{V}$ 方向弧的流量的总和,则有

$$f(V,\overline{V}) = \sum_{(i,j)\in(V,\overline{V})} f(v_i,v_j)$$

$$f(\overline{V},V) = \sum_{(j,i)\in(\overline{V},V)} f(v_j,v_i)$$

从 $s\to t$ 的流量实际上等于通过割的 $V\to\overline{V}$ 的流量减去 $\overline{V}\to V$ 的流量,故有

$$v(f) = f(V,\overline{V}) - f(\overline{V},V)$$

若用 $v^*(f)$ 代表网络中从 $s\to t$ 的最大流,则有

$$v^*(f) = f^*(V,\overline{V}) - f^*(\overline{V},V)$$

根据割的概念,$v^*(f)$ 应小于等于网络中最小一个割的容量(用 $c^*(V,\overline{V})$ 表示),即有

$$v^*(f) = f^*(V,\overline{V}) - f^*(\overline{V},V) \leqslant c^*(V,\overline{V})$$

由表 6-3 得出网络图 6-16 中 $s\to t$ 的最大流量不超过 16 单位。

三、最大流最小割定理

这是图和网络流理论方面的一个重要定理,也是下面要叙述的用标号法求网络最大流的理论依据。在讲述这个定理前先介绍增广链(augmenting path)的概念。

如果在网络的发点和收点之间能找出一条链,在这条链上所有指向为 $s\to t$ 的弧(称前向弧,记作 u^+),存在 $f<c$;所有指向为 $t\to s$ 的弧(称后向弧,记作 u^-)存在 $f>0$,这样的链称增广链(见图 6-17)。

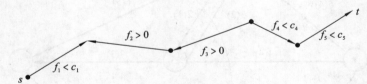

图 6-17   增广链图示

当存在增广链时,可以找出

$$\theta = \min \begin{cases} (c_i - f_i), & \text{对 } u^+ \\ f_i, & \text{对 } u^- \end{cases} \qquad \theta > 0$$

再令

$$f' = \begin{cases} f_i + \theta, & \text{对所有的 } u^+ \\ f_i - \theta, & \text{对所有的 } u^- \\ f_i, & \text{对非增广链上的弧} \end{cases}$$

显然 f' 仍是一个可行流,但较之原来的可行流 f,这时网络中从 $s\to t$ 的流量增大了一个 θ 值($\theta>0$)。因此只有当网络图中找不到增广链时,$s\to t$ 的流才不可能进一步增大。

定理 2   在网络图中 $s\to t$ 的最大流量等于它的最小割集的容量,即

$$v^*(f) = c^*(V,\overline{V})$$

116

证:若网络中的流量已达到最大值,则在该网络中不可能找出增广链,构造一个点的集合 V ,定义

(1) $s \in V$;

(2) 若 $i \in V$ 和 $f(i,j) < c(i,j)$,则 $j \in \overline{V}$;若 $i \in V$ 和 $f(i,j) > 0$,则 $j \in V$ 。可以证明 $t \in \overline{V}$,否则将存在 $s \rightarrow t$ 的增广链,与假设矛盾。由此 $(V,\overline{V})$ 为该网络的一个割,该割的容量为 $c(V,\overline{V})$ 。

由上面定义,通过这个割的流有

$$f^*(V,\overline{V}) = \sum_{(i,j) \in (V,\overline{V})} f(i,j) = \sum_{(i,j) \in (V,\overline{V})} c(i,j) = c(V,\overline{V})$$

$$f^*(\overline{V},V) = \sum_{(i,j) \in (V,\overline{V})} f(j,i) = 0$$

因前面假定网络中流量已达到最大,此时

$$v^*(f) = f^*(V,\overline{V}) - f^*(\overline{V},V) = f^*(V,\overline{V}) = c(V,\overline{V}) \geqslant c^*(V,\overline{V})$$

由于 $$v^*(f) = f^*(V,\overline{V}) - f^*(\overline{V},V) \leqslant c^*(V,\overline{V})$$

因此一定有

$$v^*(f) = c^*(V,\overline{V})$$

定理得证。

四、求网络最大流的标号算法

标号算法由福特(Ford)和福克森(Fulkerson)于 1956 年提出,故又称 Ford-Fulkerson 标号算法。其实质是判断是否有增广链存在,并设法把增广链找出来。该算法一般分为两个过程:第一是标号过程,通过标号来寻找增广链;第二是调整过程,沿增广链调整以增加流量。算法的具体步骤如下:

第一步:首先给发点 s 标号 $(0, \varepsilon(s))$ 。括号中第一个数字代表从上一个标号点到这个标号点的流量,因 s 是发点,故记为 0。括号中第二个数字 $\varepsilon(s)$ 表示从上一标号点到这个标号点的流量的最大允许调整量。s 为发点,不限调整量,故 $\varepsilon(s) = \infty$ 。

第二步:列出与已标号点相邻的所有未标号点。

(1) 考虑从标号点 i 出发的弧 (i,j) ,如果有 $f_{ij} = c_{ij}$,不对点 j 标号;若有 $f_{ij} < c_{ij}$,则对点 j 标号,记为 $(i, \varepsilon(j))$ 。括号中的 i 表示点 j 的标号是从点 i 延伸过来的,$\varepsilon(j) = \min\{\varepsilon(i), (c_{ij} - f_{ij})\}$ 。

(2) 考虑所有指向标号点 i 的弧 (h,i) ,如果有 $f_{hi} = 0$,对 h 点不标号;若 $f_{hi} > 0$,则对点 h 标号,记为 $(i, \varepsilon(h))$,其中 $\varepsilon(h) = \min\{\varepsilon(i), f_{hi}\}$ 。

(3) 如果某未标号点 k 有两个以上相邻的标号点,为减少迭代次数,可按(1)、(2)中所述规则分别计算出 $\varepsilon(k)$ 的值,并取其中最大的一个标记。

第三步:重复第二步,可能出现两种结局。

(1) 标号过程中断,t 得不到标号,说明该网络中不存在增广链,给定的流量即为最大流。记已标号点的集合为 V ,未标号点集合为 $\overline{V}$,$(V,\overline{V})$ 为网络的最小割。

(2) t 得到标号,这时可用反向追踪法在网络图中找出一条从 $s \rightarrow t$ 的由标号点及相应的弧连接而成的增广链。

第四步:修改流量,设图中原有可行流为 f ,令

$$f' = \begin{cases} f + \varepsilon(t), & \text{对增广链上所有前向弧} \\ f - \varepsilon(t), & \text{对增广链上所有后向弧} \\ f, & \text{对所有非增广链上的弧} \end{cases}$$

这样又得到网络上的一个新的可行流 f'。

第五步：抹掉图上所有标号，重复第一到四步，直至图中找不到任何增广链，即出现第三步的结局(1)为止，这时网络图中的流量即为最大流。

例 7 用标号算法求图 6-18 中 $s \rightarrow t$ 的最大流量，并找出该网络的最小割。

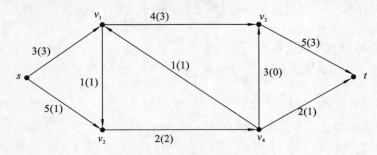

图 6-18 求最大流及最小割

解：(1) 给发点 s 标号 $(0,\infty)$。

(2) 从 s 点出发的弧 (s,v_1)，因有 $f_{s1} = c_{s1} = 3$，不满足标号条件。在弧 (s,v_2) 上有 $f_{s2} < c_{s2}$，故对 v_2 点标号 $(s,\varepsilon(v_2))$，其中

$$\varepsilon(v_2) = \min\{\varepsilon(s),(c_{s2}-f_{s2})\} = \min\{\infty,4\} = 4$$

(3) 考虑跟 v_2 相关联弧，在弧 (v_2,v_4) 上 $f_{24} = c_{12} = 2$，不满足标号条件。在弧 (v_1,v_2) 上，$f_{12} = 1 > 0$，对 v_1 点标号 $(v_2,\varepsilon(v_1))$，其中

$$\varepsilon(v_1) = \min\{\varepsilon(v_2),f_{21}\} = \min\{4,1\} = 1$$

(4) 考虑跟 v_1 相关联弧，在弧 (v_1,v_3) 上 $f_{13} = 3 < c_{13} = 4$，则对 v_3 点标号 $(v_1,\varepsilon(v_3))$，其中

$$\varepsilon(v_3) = \min\{\varepsilon(v_1),c_{13}-f_{13}\} = \min\{1,1\} = 1$$

在弧 (v_4,v_1) 上 $f_{41} = 1 > 0$，则对 v_4 点标号 $(v_1,\varepsilon(v_4))$，其中

$$\varepsilon(v_4) = \min\{\varepsilon(v_1),f_{41}\} = \min\{1,1\} = 1$$

因在 v_3，v_4 中可调整量都是 1，任选一个标号即可，故选择 v_4 点。

(5) 考虑与 v_4 相关联的弧，弧 (v_4,v_3) 上 $f_{43} = 0$，不满足标号条件。弧 (v_4,t) 上 $f_{4t} = 1 < c_{4t} = 2$，则对 t 点标号 $(v_4,\varepsilon(t))$，其中

$$\varepsilon(t) = \min\{\varepsilon(v_4),(c_{4t}-f_{4t})\} = \min\{1,1\} = 1$$

最后得到标号结果如图 6-19 所示，找到一条增广链。

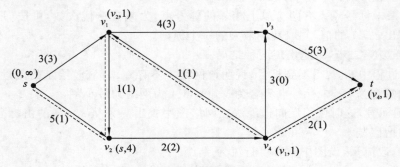

图 6-19 最大流标号算法图示

（6）修改增广链上各弧的流量

$$f'_{s2} = f_{s2} + \varepsilon(t) = 1 + 1 = 2$$
$$f'_{12} = f_{s2} - \varepsilon(t) = 1 - 1 = 0$$
$$f'_{41} = f_{41} - \varepsilon(t) = 1 - 1 = 0$$
$$f'_{4t} = f_{4t} + \varepsilon(t) = 1 + 1 = 2$$

非增广链上的所有弧流量不变。这样得到网络图上的一个新的可行流（见图 6-20）。

在图 6-20 中重复上述标号过程，由于对点 s，v_2 标号后，标号中断，在图中再也找不到增广链，故图中即为该网络图的最大流，$v^*(f) = 5$。

将已标号点 s、v_2 的集合记为 V，未标号点 v_1、v_3、v_4、t 的集合记为 $\overline{V}$，$(V, \overline{V}) = \{(s, v_1), (v_2, v_4)\}$ 即为该网络图的最小割，且 $c^*(V, \overline{V}) = 5$。

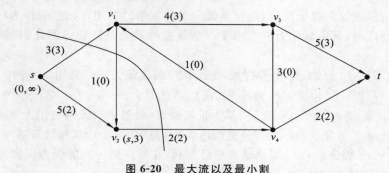

图 6-20　最大流以及最小割

第五节　最小费用流

运输问题一章中研究了具有若干产地、销地以及中转点的情形，在产销总量平衡条件下，费用最小的物资调运方案，但该章中假定任意两点间的物资调运无上界及下界限制。在本章最大流问题一节中，考虑了连接两个点之间的弧的容量限制，但未考虑流量通过各条弧时发生的费用。实际的物资调配问题，既要考虑弧的容量限制，也要考虑调运费用的节省，这就是最小费用流要研究的问题。由此，前面讲过的运输问题、转运问题和求网络最大流问题，都可看作最小费用流的特例。若在最小费用流问题中，将单位流量通过弧的费用当成是距离，则求从发点至收点调运一单位流量的最小费用，也就等价于求该两点之间的最短距离。这样，求最短路径问题也成了最小费用流的特例。

最小费用流可以这样描述：设网络有 n 个点，f_{ij} 为弧 (i, j) 上的流量，c_{ij} 为该弧的容量，b_{ij} 为在弧 (i, j) 上通过单位流量时的费用，s_i 代表第 i 点的可供量或需求量，当 i 为发点时，$s_i > 0$，i 为收点时，$s_i < 0$，i 为中转点时，$s_i = 0$。当网络供需平衡（$\sum_i s_i = 0$）时，将各发点物资调运到各收点（或从各发点按最大流量调运到各收点），使总调运费用最小的问题，可归结为如下线性规划模型：

$$\min z = \sum_{i=1}^{n} \sum_{j=1}^{n} b_{ij} f_{ij}$$

$$\text{s. t.} \begin{cases} \sum_{j=1}^{n} f_{ij} - \sum_{k=1}^{n} f_{ki} = s_i & (i = 1, 2, \cdots, n) \\ o \leqslant f_{ij} \leqslant c_{ij} & （对弧 (i, j)） \end{cases}$$

求最小费用流时,一方面仍通过寻找增广链来调整流量,并判别是否达到最大流量,但另一方面为了保证每步调整的流量花的费用最少,需要找出每一步费用最小的增广链,以保证最终给出的流量或最大流也是费用最少的。

设 $b(f)$ 为可行流 f 的费用,沿增广链调整后的流量为 $f'(>f)$,相应费用为 $b(f')$,有

$$\Delta b(f) = b(f') - b(f) = \sum_{u^+} b_{ij}(f'_{ij} - f_{ij}) - \sum_{u^-} b_{ji}(f'_{ji} - f_{ji})$$

$$= \theta \Big[\sum_{u^+} b_{ij} - \sum_{u^-} b_{ji} \Big]$$

称比值 $\left[\dfrac{\Delta b(f)}{\theta} \right]$ 最小,也即调整单位流量花费最小的增广链为费用最小的增广链。若将每条弧可能作为正向弧或反向弧出现时,通过该弧一单位流量的费用在该弧旁作为权数标注,则寻找费用最小的增广链,又可转化为一个求发点至收点的最短路问题。因此求最小费用流的步骤可归结为:

第一步:从零流 f_0 开始,f_0 是可行流,也是相应的流量为零时费用最小的。

第二步:对可行流 f_k 构造加权网络 $W(f_k)$,方法是:

(1) 对 $0 < f_{ij} < c_{ij}$ 的弧 (i,j),当其为正向弧时,通过单位流的费用为 b_{ij},为反向弧时,相应费用 $b_{ji} = -b_{ij}$,故在 i 和 j 点间分别给出弧 (i,j) 和 (j,i),其权数分别为 b_{ij} 和 $-b_{ij}$;

(2) 对 $f_{ij} = c_{ij}$ 的弧 (i,j),因该弧流量已饱和,在增广链中只能作为反向弧,故在 $W(f_k)$ 中只画出弧 (j,i),其权数值为 $-b_{ij}$;

(3) 对 $f_{ij} = 0$ 的弧 (i,j),在增广链中该弧只能为正向弧,故在 $W(f_k)$ 中只给出弧 (i,j),其权数值为 b_{ij}。

第三步:在加权网络 $W(f_k)$ 中,寻找费用最小的增广链,也即求从 $s \rightarrow t$ 的最短路径,并将该增广链上流量调整至允许的最大值,得到一个新的流量 $f_{k+1}(>f_k)$。

第四步:重复第二、三两步,一直到在网络 $W(f_{k+m})$ 中找不到增广链(即找不出最短路)时,f_{k+m} 即为要寻找的最小费用流。

第六节　网络图的 Excel 求解

使用 Excel 电子表格求解网络图的问题,首先要在电子表格上构建网络模型,然后利用规划求解工具求解。在求解过程中有一个定义——顶点的净流量:在一个赋权有向图中,每个顶点的净流量等于所有流出该顶点的弧上流量之和减去所有流入该顶点的弧上流量之和。

在最短路径问题中,由于不存在流量,只有边的权重,不妨将在最短路径上的边的流量定为 1,而不在最短路径上的边的流量定为 0,因此最短路径上出发点的净流量为 1,终点的净流量为 -1,而其他顶点的净流量为 0。

在最大流问题中,对于每一个可行流 f,源 v_s 的净流量等于 f 的流量,收点 v_t 的净流量等于 f 的流量的负值,其他顶点的净流量一定为零,否则 f 将不是可行流。

1. 最短路问题的 Excel 求解

例 8　求如图 6-21 所示的 v_1 点到其他点的最短路径。

解:先建立 LP 模型。

图中共有 13 条边,每条边的长度记为 $c_i(i = 1, 2, \cdots, 14)$,用 x_i 表示第 i 条边是否在最短

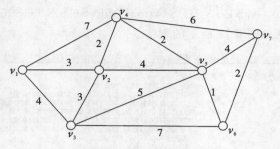

图 6-21　求最短路径

路径中

$$x_i = \begin{cases} 1, & \text{第 } i \text{ 条边在最短路径上} \\ 0, & \text{第 } i \text{ 条边不在最短路径上} \end{cases}$$

显然 x_i 也是第 i 条的流量,因此目标函数为 $y = \sum\limits_{i=1}^{13} c_i x_i$ 。

将最短路径记为 Q ,所有边的起点集合记为 E_S ,所有边的终点集合记为 E_T ,顶点 v_i 的净流量为 $\sum\limits_{v_i \in E_S} x_j - \sum\limits_{v_i \in E_T} x_k$,其中 x_j 为所有以 x_i 为起点的边的流量, x_k 为所有以 x_i 为终点的边的流量,因此得到最短路径的 LP 模型

$$\min y = \sum_{i=1}^{13} c_i x_i$$

$$\mathrm{s.t.} \begin{cases} \sum\limits_{v_1 \in E_S} x_j = 1 \\ \sum\limits_{v_i \in E_S} x_i - \sum\limits_{v_i \in E_T} x_k = 0 \quad (i = 2,3,\cdots,6) \\ -\sum\limits_{v_7 \in E_T} x_k = -1 \\ x_1, x_2, \cdots, x_7 \text{ 为 0-1 变量} \end{cases}$$

将上述模型转为电子表格模板,如图 6-22 所示。电子表格模板中包含有每条边的序号、起点、终点和边的长度等基本数据,决策变量 x_i 放在"是否在路径中",目标函数放在 H18 中,其取值为 SUMPRODUCT(D3:D15,E3:E15); v_2 的净流量之和用公式表示为

	A	B	C	D	E	F	G	H	I	J
1					最短路径及其距离					
2	边序号	起点	终点	长度	是否在路径中		顶点	净流量		流量控制
3	1	v1	v4	7	0		v1	0	=	1
4	2	v1	v2	3	0		v2	0	=	0
5	3	v1	v3	4	0		v3	0	=	0
6	4	v4	v7	6	0		v4	0	=	0
7	5	v4	v5	2	0		v5	0	=	0
8	6	v2	v4	2	0		v6	0	=	0
9	7	v2	v5	4	0		v7	0	=	-1
10	8	v2	v3	3	0					
11	9	v3	v5	5	0					
12	10	v3	v6	7	0					
13	11	v5	v7	4	0					
14	12	v5	v6	1	0					
15	13	v6	v7	2	0					
16										
17								最短路		
18								0		

图 6-22　最短路径的电子表格模板

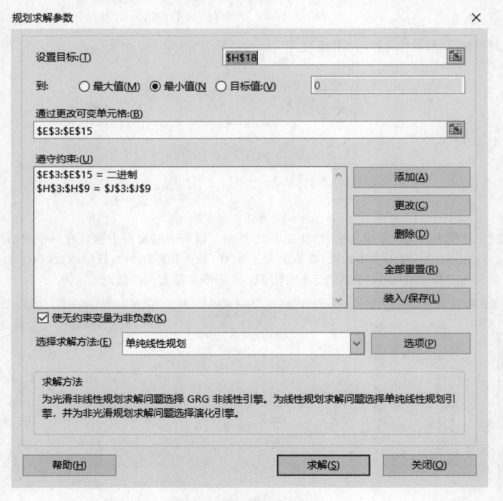

=SUMIF($B$3:$B$15,G4,$E$3:$E$14)−SUMIF($C$3:$C$15,G4,$E$3:$E$15)。

输入所有公式,得到如图 6-23 所示的表格。

	A	B	C	D	E	F	G	H	I	J
1							最短路径及其距离			
2	边序号	起点	终点	长度	是否在路径	顶点	净流量			流量控制
3	1	v1	v4	7	0	v1	=SUMIF($B3:$B15,G3,$E3:$E15)	=		1
4	2	v1	v2	3	0	v2	=SUMIF($B$3:$B15,G4,$E3:$E$14)−SUMIF($C$3:$C$15,G4,$E3:$E$15)	=		0
5	3	v1	v3	4	0	v3	=SUMIF($B$3:$B15,G5,$E$3:$E$14)−SUMIF($C$3:$C$15,G5,$E3:$E$15)	=		0
6	4	v4	v7	6	0	v4	=SUMIF($B$3:$B15,G6,$E$3:$E$14)−SUMIF($C$3:$C$15,G6,$E$3:$E$15)	▦		0
7	5	v4	v5	2	0	v5	=SUMIF($B$3:$B15,G7,$E$3:$E$14)−SUMIF($C$3:$C$15,G7,$E$3:$E$15)	=		0
8	6	v2	v4	2	0	v6	=SUMIF($B$3:$B15,G8,$E$3:$E$14)−SUMIF($C$3:$C$15,G8,$E$3:$E$15)	=		0
9	7	v2	v5	4	0	v7	=−SUMIF($C$3:$C15,G9,$E$3:$E15)	=		−1
10	8	v2	v3	3	0					
11	9	v3	v5	5	0					
12	10	v3	v6	7	0					
13	11	v5	v7	4	0					
14	12	v5	v6	1	0					
15	13	v6	v7	2	0					
16										
17							最短路			
18							=SUMPRODUCT(D3:D15,E3:E15)			
19										

图 6-23　输入公式后的电子表格模板

最后使用电子表格规划求解,参数设置如图 6-24 所示,输出结果如图 6-25 所示。

规划求解参数 ✕

设置目标:(T) $H$18

到: ○ 最大值(M)   ● 最小值(N)   ○ 目标值:(V)   0

通过更改可变单元格:(B)

$E$3:$E$15

遵守约束:(U)

$E$3:$E$15 = 二进制
$H$3:$H$9 = $J$3:$J$9

添加(A)

更改(C)

删除(D)

全部重置(R)

装入/保存(L)

☑ 使无约束变量为非负数(K)

选择求解方法:(E)   单纯线性规划 ⌄   选项(P)

求解方法

为光滑非线性规划求解问题选择 GRG 非线性引擎。为线性规划求解问题选择单纯线性规划引擎,并为非光滑规划求解问题选择演化引擎。

帮助(H)   求解(S)   关闭(O)

图 6-24　最短路径参数设置

边序号	起点	终点	长度	是否在路径中	顶点	净流量		流量控制
1	v1	v4	7	0	v1	1	=	1
2	v1	v2	3	1	v2	0	=	0
3	v1	v3	4	0	v3	0	=	0
4	v4	v7	6	0	v4	0	=	0
5	v4	v5	2	1	v5	0	=	0
6	v2	v4	2	1	v6	0	=	0
7	v2	v5	4	0	v7	−1	=	−1
8	v2	v3	3	0				
9	v3	v5	5	0				
10	v3	v6	7	0				
11	v5	v7	4	0				
12	v5	v6	1	1				
13	v6	v7	2	1				
						最短路		
						10		

图 6-25　最短路输出结果

2. 最大流的 Excel 求解

例 9　求如图 6-26 所示的网络图的最大流。

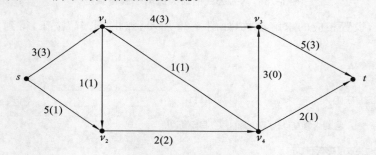

图 6-26　求最大流

解：从 s 到 t 要获得最大流量，每条弧的流量要尽可能大的同时，必须保证中间所有转运点的净流量为零。设图 6-26 中每条弧的流量为 x_i，每条弧的流量限制为 $c_i(i=1,2,\cdots,9)$。目标是从 s 出发的流量总和或进入 t 的流量总和最大。

将所有弧的起点集合记为 E_S，将所有弧的终点集合记为 E_T，每个端点的 v_i 的净流量为 $\sum_{v_i \in E_S} x_j - \sum_{v_i \in E_T} x_k$，其中 x_j 为所有以 v_i 为起点的弧的流量，x_k 为所有以 v_i 为终点的弧的流量。根据最大流问题的原理，得到 LP 模型

$$\min y = \sum_{v_s \in E_S} x_j$$

$$\text{s. t.} \begin{cases} \sum_{v_i \in E_S} x_j - \sum_{v_i \in E_T} x_k = 0 \quad (i=1,2,3,4) \\ x_i \leqslant c_i \\ x_1,x_2,\cdots,x_9 \geqslant 0 \end{cases}$$

根据此模型建立电子表格模型如图 6-27 所示，将网络图的每条弧的起点、终点、实际流量、最大流量标出，其中实际流量即为可变单元格；每个端点的净流量在 I3:I8，用函数 SUMIF 求解，如 s 点的净流量为 SUMIF（＄B＄3：＄B＄11，H3，＄D＄3：＄D＄11），具体公式如图 6-28所示，最大流实际上是 s 点的净流量，因此最大流单元格赋值"＝I3"。

	A	B	C	D	E	F	G	H	I	J	K
1						求最大流问题					
2	边序号	起点	终点	实际流量		最大流量		顶点	净流量		净控制流量
3	1	S	V1	3	<=	3		S			
4	2	S	V2	1	<=	5		V1	0	=	0
5	3	V1	V3	3	<=	4		V2	0	=	0
6	4	V1	V2	1	<=	1		V3	0	=	0
7	5	V2	V4	2	<=	2		V4	0	=	0
8	6	V4	V1	1	<=	1		T			
9	7	V4	T	1	<=	2					
10	8	V4	V3	0	<=	3		最大流			
11	9	V3	T	3	<=	5					

图 6-27　最大流的电子表格模型

	A	B	C	D	E	F	G	H	I	J	K
1								求最大流问题			
2	边序号	起点	终点	实际流量		最大流量		顶点	净流量		净控制流量
3	1	S	V1	3	<=	3		S	=SUMIF($B$3:$B$11, H3, $D$3:$D$11)		
4	2	S	V2	2	<=	5		V1	=SUMIF($B$3:$B$11, H4, $D$3:$D$11)-SUMIF($C$3:$C$11, H4, $D$3:$D$11)	=	0
5	3	V1	V3	4	<=	4		V2	=SUMIF($B$3:$B$11, H5, $D$3:$D$11)-SUMIF($C$3:$C$11, H5, $D$3:$D$11)	=	0
6	4	V1	V2	0	<=	1		V3	=SUMIF($B$3:$B$11, H6, $D$3:$D$11)-SUMIF($C$3:$C$11, H6, $D$3:$D$11)	=	0
7	5	V2	V4	2	<=	2		V4	=SUMIF($B$3:$B$11, H7, $D$3:$D$11)-SUMIF($C$3:$C$11, H7, $D$3:$D$11)	=	0
8	6	V4	V1	1	<=	1		T	=-SUMIF($C$3:$C$11, H8, $D$3:$D$11)		
9	7	V4	T	1	<=	2					
10	8	V4	V3	0	<=	3		最大流			
11	9	V3	T	4	<=	5		=I3			

图 6-28　输入公式的最大流电子表格模型

建立模型后，设置相应的求解参数，如图 6-29 所示；点击"求解"按钮，得到如图 6-30 所示的求解结果。

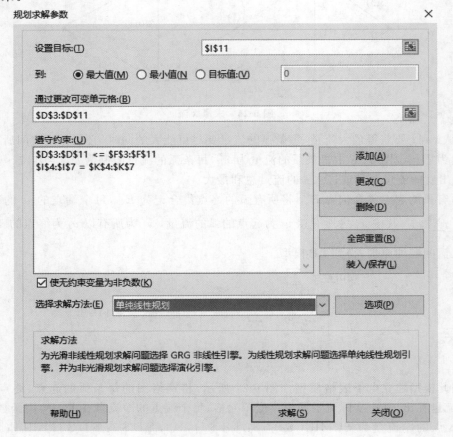

图 6-29　最大流模型参数设置

边序号	起点	终点	实际流量		最大流量	顶点	净流量		净控制流量
									求最大流问题
1	S	V1	3	<=	3	S	5		
2	S	V2	2	<=	5	V1	0	=	0
3	V1	V3	4	<=	4	V2	0	=	0
4	V1	V2	0	<=	1	V3	0	=	0
5	V2	V4	2	<=	2	V4	0	=	0
6	V4	V1	1	<=	1	T	-5		
7	V4	T	1	<=	2				
8	V4	V3	0	<=	3	最大流			
9	V3	T	4	<=	5		5		

图 6-30　最大流的求解结果

本章小结

（1）熟悉图的基本概率与模型，并能用图的模型与方法解决一些用其他方法难以解决的问题。

（2）树图是具有 n 个端点以及 $(n-1)$ 条边的不含圈的连通图，可以用避圈法和破圈法来求解最小部分树。

（3）一点到其他点的最短路径可以利用 Dijkstra 算法求解，其基本思想是靠近起始点最近的最先标号，在向外推进过程中必须经过已标号的点。

（4）每一个网络图的最大流为该网络图中最小割的容量。最大流量通过寻找增广链标号算法获取。一般情况下，当找不到增广链时即求得最大流量。而在寻找增广链的最终图中，将已标号与未标号点分隔开的割即为最小割。

思考与练习

1. 判断如下说法是否正确。

（1）在任一树图中，当点集 V 确定后，树图是 G 中边数最少的流通图。

（2）最小割集的容量等于该网络图的最大流。

（3）若图中某点 v_i 有若干个相邻点，与其距离最远的相邻点为 v_j，则边 $[i,j]$ 必不包含在最小部分树内。

（4）可行流的流量等于每条弧上的流量之和。

（5）如图中从 v_1 至各点均有唯一的最短路径，则连接 v_1 至其他各点的最短路径在去掉重复部分后，恰好构成该图的最小支撑树。

（6）u 是一条增广链，则后向弧上满足流量 $f \geqslant 0$。

（7）容量 c_{ij} 是弧 (i,j) 上的实际通过流量。

（8）求网络图的最大流问题可归结为求解一个线性规划模型。

2. 分别用破圈法和避圈法求图 6-31 中各图的最小部分树。

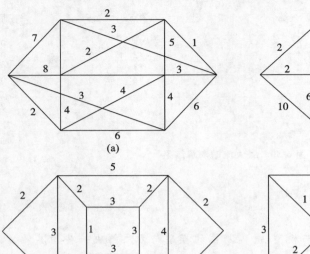

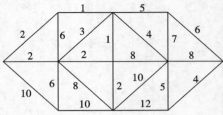

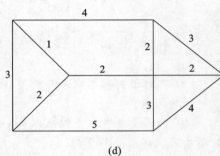

(a) (b)

(c) (d)

图 6-31　求各图的最小部分树

3. 用标号法求图 6-32 中 v_1 至各点的最短路。

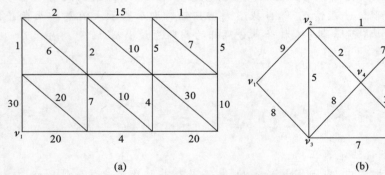

(a) (b)

图 6-32　求各图的最短路

4. 用标号算法求图 6-33 中各图的最大流以及最小割。

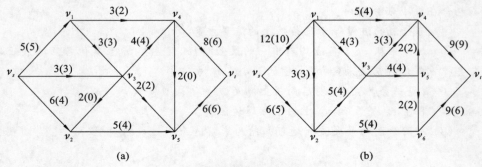

(a) (b)

图 6-33　求各图的最大流以及最小割

5. 设公司在六个城市 $c_1, c_2, \cdots, c_6$ 有分公司,从 c_i 到 c_j 的直达航线票价记在下面矩阵的 (i, j) 位置上(∞ 表明无直达航线,需经其他城市中转)。请帮助该公司设计一张使任意两城市间的票价最便宜的路线表。

$$\begin{bmatrix} 0 & 50 & \infty & 40 & 25 & 10 \\ 50 & 0 & 15 & 20 & \infty & 25 \\ \infty & 15 & 0 & 10 & 20 & \infty \\ 40 & 20 & 10 & 0 & 10 & 25 \\ 25 & \infty & 20 & 10 & 0 & 55 \\ 10 & 25 & \infty & 25 & 55 & 0 \end{bmatrix}$$

6. 某市政公司在未来的 5～8 月内需完成四项工程:(A)修建一条地下通道;(B)一座人行天桥;(C)一条道路;(D)一个街心花园。相应工期和所需劳动力如表 6-4 所示。该公司共有劳动力 120 人,任何一项工程在一个月内的劳动力投入不能超过 80 人。问:该公司能否按期完成所有工程,若能,应如何分配劳动力?试将此问题归结为求解最大流问题。

表 6-4　某公司的工程工期所需劳动力

工程	工期	需要劳动力/人
A	5 月—7 月	100
B	6 月—7 月	80
C	5 月—8 月	200
D	8 月	80

案例分析

长虹街道规划建设

长虹街道近年新建了 11 个居民小区,各小区的大致位置及相互的道路距离(单位:100 m)如图 6-34 所示。各居民小区居民数为:a. 3000, b. 3500, c. 3700, d. 5000, e. 3000, f. 2500, g. 2800, h. 4500, i. 3300, j. 4000, k. 3500。试求以下问题。

(1) 11 个小区准备共建一套医务所、邮局、综合超市等服务设施,应该建于哪一居民小区,使居民总体上感到更方便?

(2) 电信部门拟将宽带网铺到各居民小区,如何铺设最为经济?

(3) 一个考察小组从小区 a 出发,经 e、h、j 小区(考察顺序不限),最后到小区 i 后再离去,试帮助选择一条最短的考察路线。

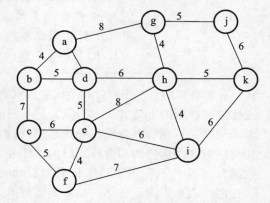

图 6-34　各小区的位置以及相互间距离

第七章 →

计划评审方法和关键路线法

 学习导引

从事任何一项生产或者进行任何一项工程,都必须尽可能地利用时间、空间和资源,编制一个组织、调度、控制生产或工程进度的计划。用网络分析的方法编制的计划称为网络计划。网络计划技术以缩短工期、提高生产力、降低消耗为目标,可以为项目管理提供许多信息,有利于加强项目管理,它既是一种编制计划的方法,又是一种科学的管理方法。网络计划技术一般包括计划评审方法(program evaluation and review technique,PERT)和关键路线法(critical path method,CPM)。这两种方法都是工程计划编制和管理的有效工具,PERT 应用于未来的研究与开发项目,CPM 主要应用于以往在类似工程中已取得一定经验的承包项目。

学习重点

通过本章学习,重点掌握以下知识要点:
1. PERT 网络图的基本概念;
2. 绘制 PERT 网络图;
3. PERT 网络图的分析计算;
4. PERT 网络图的优化。

计划评审方法(PERT)和关键路线(CPM)是 20 世纪 50 年代末发展起来的一种编制大型工程进度计划的有效方法。PERT 是美国海军在 20 世纪 50 年代后期发展起来的。当时美国海军武器局正在研究北极星导弹系统,该系统的研制涉及当时几千家承包商和许多政府部门,如何协调这些承包商和政府部门的工作成为亟需解决的问题。美国一家顾问公司为解决这个问题提出了 PERT,并取得了极大的成功,使得整个计划提前两年完成。1956 年美国杜邦公司在制订企业不同业务部门的系统规划时,制订了第一套网络计划。这种计划借助网络来表示各项工作与所需的时间以及各项工作之间的关系,通过网络分析研究工程费用与工期的相互关系,并找出在编制计划及计划执行过程中的关键路线。20 世纪 60 年代,中国开始应用 PERT 和 CPM,并根据其基本原理与计划的表达形式,将它们并称为网络技术或网络计划。

国内外应用 PERT 和 CPM 的实践表明,网络计划具有一系列的突出特点。

（1）科学性。其将运筹学中的网络分析、数理统计知识与工程管理相结合，因而其可以提供比较全面、准确的信息，便于管理人员从大量非肯定型的因素中，找出和掌握客观规律，正确地进行预测和决策。

（2）系统性。网络计划把计划对象作为一个系统来观察、分析和处理，把工程计划对象的各项作业按照生产中前后制约的客观规律，有机地组成一个整体。并且经过科学计算，对各项任务进行统筹兼顾，综合平衡，合理安排计划进度，以便能在一定的资源等约束条件下达到工程周期最短的目的。

（3）协调性。网络计划把任务分得比较细，而且能把它们之间的相互关系用网络图形象地反映出来，能让人清晰地看到整个计划任务的全貌和各项作业之间的关系。这样管理者就有可能事先充分地协调好各个生产环节之间，计划需要和实际可能、总体和局部、周期和资源、关键和非关键之间以及各分系统之间的关系，加强协作和相互配合。

（4）可控性。网络计划可以求解出计划中的关键作业和关键路线，可以帮助管理者掌握全局、抓住重点、控制整个计划的进行。

（5）动态性。网络计划把计划执行过程看出一个动态过程，易于根据反馈信息，对计划进行调整，因此对客观情况的变化具有很强的适应性。

总之，计划评审方法和关键路线特别适用于生产技术复杂、工作项目繁多且连续紧密的一些跨部门的工作计划，例如新产品研制开发、大型工程项目、生产技术准备、设备大修等计划。还可以应用在人力、物力、财力等资源的安排，合理组织报表和文件流程等方面。

第一节　PERT 网络图

任何一项工程都需要先把它初步分解为很多作业，然后大家才能分工合作，共同完成这项工程。PERT 网络图就是用图形来表示这些作业的逻辑关系以及先后顺序。

一、PERT 网络图的基本概念

1. 作业

作业指任何消耗时间或资源的工作或者任务，如新产品设计中的初步设计、技术设计、工装制造等。一项工程由若干个作业组成，作业需要一定的人力、物力等资源和时间。

2. 事件

标志作业的开始或结束，本身不消耗时间或资源，或相对作业来讲消耗量可以小到忽略不计。某个事件的实现，标志着在它前面各项作业（紧前作业）的结束，又标志着在它之后的各项作业（紧后作业）的开始。如在机械制造业中，只有完成铸锻件毛坯，才能开始机加工；各种零部件都完工后，才能进行总装。

PERT 网络图中，事件通常用圆圈表示，作业用箭线表示（见图 7-1）。图 7-1 中，事件①是开始进行初步设计的标志，称为该项作业的起点事件；事件②是初步设计的结束标志，称为该项作业的终点事件。一般某项作业若起点事件为 i，终点事件为 j，将该作业标记为 (i,j)，因此将初步设计这项作业记为 $(1,2)$。整个 PERT 网络图开始的事件称为最初事件，整个 PERT 网络图结束的事件称为最终事件。

3. 路线与关键路线

路线指 PERT 网络图中，从最初事件到最终事件的由各项作业连贯组成的一条路。图中

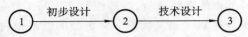

图 7-1 产品的设计过程

从最初事件到最终事件可以有不同的路,路的长度是指该路上的各项作业持续时长的和。各项作业累计时间最长的那条路,称为关键路线,它决定完成网络图上所有作业需要的最短时间。例如图 7-2 中有 3 条路线,该 3 条路线的长度分别为 11 小时、13 小时以及 9 小时,13 小时的最长路线即为关键路线,在图形中可以用双箭线表示。

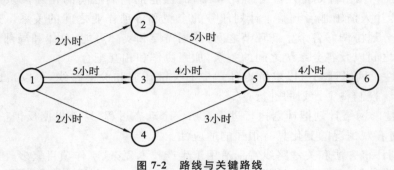

图 7-2 路线与关键路线

二、建立 PERT 网络图的准则和注意事项

1. 画网络图的一般规则

先将表示各项作业的箭线按照先后顺序及逻辑关系,由左至右排列画成图。再给各项作业的起始点(事件)从左至右,从上到下进行统一编号。编号由小到大,对任一作业(i,j)来讲$j > i$。例如,加工某机械零件要经过下料、毛坯锻压、车床加工、磨床加工才能完成,即可表示为如图 7-3 所示的网络图。

图 7-3 某零件加工作业的网络图

2. 应该注意的问题

(1) 两个事件之间只能画一条箭线,表示一项作业。对具有相同开始和结束事件的两项以上作业,要引进虚事件和虚作业。例如,图 7-4(a)中事件③与⑤之间有两项作业,这种画法不正确,应改画成图 7-4(b)那样,在图 7-4(b)中④是虚事件,(4,5)是虚作业,用虚箭线表示。

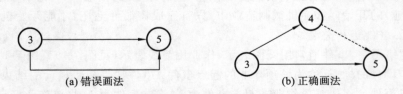

图 7-4 具有共同的开始和结束事件的作业画法

如果现有作业 a、b、c、d,作业 c 在 a 结束后即可进行,但作业 d 必须在 a 和 b 全部结束后才能开始。则用虚事件与虚作业表示它的 PERT 网络图,如图 7-5 所示。

(2) 注意各项作业之间的关系。若作业 a 结束后可以开始 b 和 c,则如图 7-6(a)所示;若

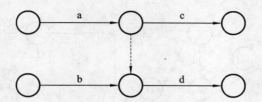

图 7-5　利用虚作业表达作业的逻辑关系

作业 c 在 a 和 b 均结束后才能开始,则如图 7-6(b)所示;若 a,b 两项作业均结束后可以开始 c 和 d,则如图 7-6(c)所示;若作业 c 在 a 结束后即可进行,但作业 d 必须同时在 a 和 b 结束后才能开始,则如图 7-6(d)所示。

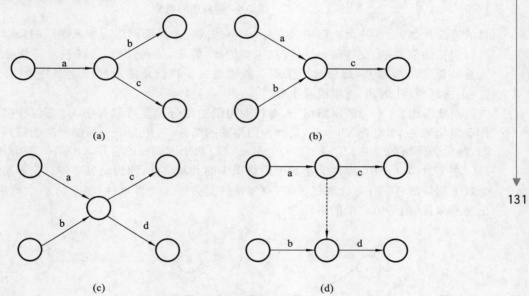

(a) (b)

(c) (d)

图 7-6　各项作业的关系示意图

(3) 任何 PERT 网络图应有唯一的最初事件和唯一的最终事件。

(4) PERT 网络图中不允许出现回路,如图 7-7 所示的画法是不允许的,应予以改正。

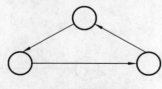

图 7-7　存在回路

(5) PERT 网络图的画法一般是从左到右、从上到下。同时为了方便计算和美观清晰,PERT 网络图中可通过调整布局,尽量避免箭线之间的交叉,如图 7-8 中的(a)、(b)所示。

3. PERT 网络图的合并与简化

在一项大的工程中,处于高层的管理人员往往只需要掌握一些大的重要项目的进度。越到基层,作业项目就应分得越细,进度也要具体一些。所以 PERT 网络图按其用途的不同,可分为综合网络图、局部网络图和基层网络图。例如建设一个大型钢铁联合企业,在综合网络图上可能只反映矿山、炼铁厂、炼钢厂、轧钢、炼焦、化工厂、机修、铁路码头等一些主要的大的项

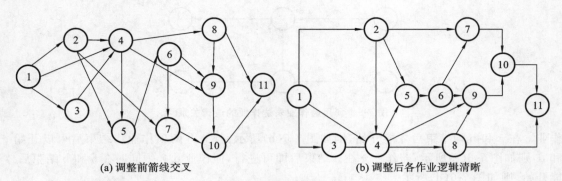

(a) 调整前箭线交叉   (b) 调整后各作业逻辑清晰

图 7-8 网络图的调整

目的进度计划,而这些大工程项目,每一个都构成一个局部网络。如炼铁厂的局部网络图上就可以包括浇灌地基,安装高炉炉体、热风炉炉体、管道,运送炉料、运送铁水等作业。假如某一工程队负责浇灌地基,那么这个工程队就应进一步将网络图上的作业细分为挖地基、清除土方、运送材料、扎钢筋、浇灌混凝土等。

由此看出,在不同的网络图上,对作业粗细的划分程度可以有很大差别:若把图中的一组作业简化为一个"组合"的作业,就称为网络图的简化;若把若干个局部网络图归并成一个网络图,则称为网络的合并。图 7-9 中(c)是(a)、(b)两个网络图的合并,(d)是(c)的简化。

图 7-9(a)、(b)中,事件⑧是两个网络图中的共同事件,称为交界事件。交界事件沟通了两个以上网络的各项作业之间的关系,交界事件又分进入交界事件(图 7-9(b)中的事件⑧)和引出交界事件(图 7-9(a)中的事件⑧)。

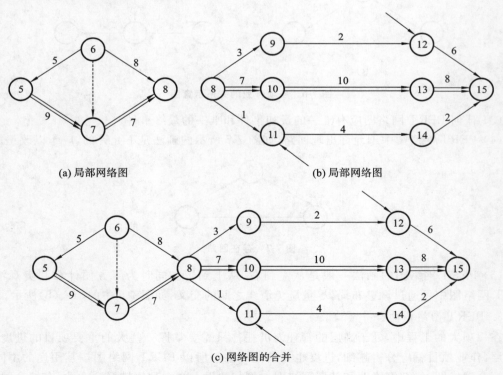

(a) 局部网络图   (b) 局部网络图

(c) 网络图的合并

图 7-9 网络图的合并与简化

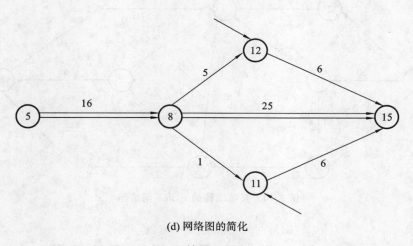

(d) 网络图的简化

续图 7-9

在进行网络图的简化时,由于图 7-9(a)的一组作业具有唯一的开始事件和结束事件,可以简化为一项大的组合作业。但注意化后⑤→⑧这组作业的时间,一定要以这个网络的关键路线的持续时间来表示。图 7-9(b)的网络中,由于事件⑪⑫与别的网络分别有联系,合并简化时这类事件不能略去,因此只能局部简化成图 7-9(d)中右边的形式。

4. 网络图的绘制示例

一般绘制 PERT 网络图可分为三步:

(1) 任务的分解。一项工程首先要分解成若干项作业,并分清楚这些作业之间在工艺上和组织上的联系及制约关系,确定各作业的先后顺序,列出作业明细表。

(2) 绘制网络图。按照作业明细表中所示的任务逻辑关系,遵循 PERT 画图规则画出网络图,并在箭线上标出工时。

(3) 节点编号。事件节点编号要满足从小到大、从左到右的规则,且对某一作业(i,j)要求 $i<j$。编号不一定连续,可以留些间隔便于修改和增添作业。

例 1 某项工程由 11 项作业组成(分别用代号 A,B,…,K 表示),其计划完成时间及作业间相互关系如表 7-1 所示。

表 7-1 某项目作业间的关系

作业	作业计划完成时间/d	紧前作业	作业	作业计划完成时间/d	紧前作业
A	5	—	G	21	B,E
B	10	—	H	35	B,E
C	11	—	I	25	B,E
D	4	B	J	15	F,G,I
E	4	A	K	20	F,G
F	15	C,D			

解: 按照绘制网络图的规则及步骤画出 PERT 网络图,如图 7-10 所示。

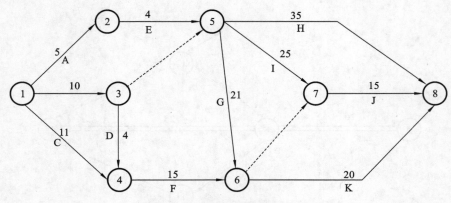

图 7-10 某项工程的 PERT 网络图

第二节 PERT 网络图的计算

PERT 网络图的计算是计算项目的最早开工时间、最早结束时间、最迟开工时间、最迟结束时间、总时差等以便于项目管理。

一、作业的最早时间

一个作业 (i,j) 的最早可能开工时间用 $t_{ES}(i,j)$ 表示。任何一个作业都必须在其所有紧前作业全部完工后才能开始。作业 (i,j) 的最早可能完工时间用 $t_{EF}(i,j)$ 表示,它表示作业按最早开工时间开始所能达到的完工时间。因此:

$$\begin{cases} t_{ES}(1,j) = 0 \\ t_{ES}(i,j) = \max_k \{t_{ES}(k,i) + t(k,i)\} \\ t_{EF}(i,j) = t_{ES}(i,j) + t(i,j) \end{cases} \tag{7.1}$$

即所有从起点事项出发的作业 $(1,j)$,其最早的可能开工时间为零;任一作业 (i,j) 的最早开工时间要由它的所有紧前作业 (k,i) 的最早开工时间决定;作业 (i,j) 的最早完工时间显然等于其最早开工时间与完成工时之和。

在本章例 1 中假定最初事件在零时刻实现,故

$$t_{ES}(1,2) = t_{ES}(1,3) = t_{ES}(1,4) = 0$$

由式(7.1)得到

$$t_{EF}(1,2) = t_{ES}(1,2) + t(1,2) = 0 + 5 = 5$$
$$t_{EF}(1,3) = t_{ES}(1,3) + t(1,3) = 0 + 10 = 10$$
$$t_{EF}(1,4) = t_{ES}(1,4) + t(1,4) = 0 + 11 = 11$$
$$t_{ES}(2,5) = t_{EF}(1,2) = 5$$
$$t_{EF}(2,5) = t_{ES}(2,5) + t(2,5) = 5 + 4 = 9$$
$$t_{ES}(3,4) = t_{ES}(3,5) = t_{EF}(1,3) = 10$$
$$t_{EF}(3,4) = t_{ES}(3,4) + t(3,4) = 10 + 4 = 14$$
$$t_{ES}(4,6) = \max\{t_{EF}(1,4), t_{EF}(3,4)\} = 14$$
$$t_{EF}(4,6) = t_{ES}(4,6) + t(4,6) = 14 + 15 = 29$$

$$t_{ES}(5,6) = \max\{t_{EF}(1,3), t_{EF}(2,5)\} = 10$$
$$t_{EF}(5,6) = t_{ES}(5,6) + t(5,6) = 10 + 21 = 31$$
$$t_{ES}(5,7) = \max\{t_{EF}(1,3), t_{EF}(2,5)\} = 10$$
$$t_{EF}(5,7) = t_{ES}(5,7) + t(5,7) = 10 + 25 = 35$$
$$t_{ES}(5,8) = \max\{t_{EF}(1,3), t_{EF}(2,5)\} = 10$$
$$t_{EF}(5,8) = t_{ES}(5,8) + t(5,8) = 10 + 35 = 45$$
$$t_{ES}(6,8) = \max\{t_{EF}(4,6), t_{EF}(5,6)\} = 31$$
$$t_{EF}(6,8) = t_{ES}(6,8) + t(6,8) = 31 + 20 = 51$$
$$t_{ES}(7,8) = \max\{t_{EF}(4,6), t_{EF}(5,6), t_{EF}(5,7)\} = 35$$
$$t_{EF}(7,8) = t_{ES}(7,8) + t(7,8) = 35 + 15 = 50$$

最后得到完成网络图上全部作业的最短周期为

$$\max\{t_{EF}(5,8), t_{EF}(6,8), t_{EF}(7,8)\} = \max\{45, 51, 50\} = 51$$

所有的计算结果可以直接用图形表示,如图 7-11 所示。作业的最早开工时间 $t_{ES}(i,j)$ 用正方形在图上表示。

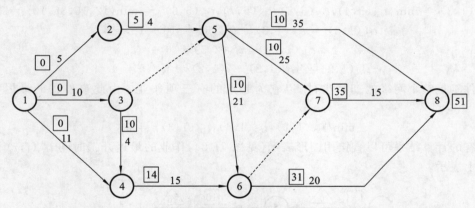

图 7-11　在 PER 网络图上标示最早开工时间

二、作业的最迟时间

一个作业(i,j)的最迟必须开工时间用 $t_{LS}(i,j)$ 表示。它表示作业(i,j)在不影响整个项目如期完成的前提下,必须开始的最晚时间。

一个作业(i,j)的最迟必须结束时间用 $t_{LF}(i,j)$ 表示。它表示作业(i,j)按最迟时间开工所能达到的完工时间。因此有

$$\begin{cases} t_{LF}(i,n) = \text{总完工期(或 } t_{EF}(i,n)) \\ t_{LS}(i,j) = \min_k\{t_{LS}(j,k) - t(i,j)\} \\ t_{LF}(i,j) = t_{LS}(i,j) + t(i,j) \end{cases} \tag{7.2}$$

这是按作业的最迟必须开工时间由终点向始点逐个递推的公式,凡是进入总完工事项 n 的作业(i,n),其最迟完工时间必须等于预定总工期或等于这个工作的最早可能完工时间。任一作业(i,j)的最迟必须开工时间由它的所有紧后作业(j,k)的最迟开工时间确定。而作业(i,j)的最迟完工时间显然等于本作业的最迟开工时间加上作业的完成时间。

在本章例 1 中假定全部作业必须在 51 天内完成,故

$$t_{EF}(5,8) = t_{EF}(6,8) = t_{EF}(7,8) = 51$$

按式(7.2)计算得到

$$t_{LS}(5,8) = t_{LF}(5,8) - t(5,8) = 51 - 35 = 16$$

$$t_{LS}(6,8) = t_{LF}(6,8) - t(6,8) = 51 - 20 = 31$$

$$t_{LS}(7,8) = t_{LF}(7,8) - t(7,8) = 51 - 15 = 36$$

$$t_{LF}(5,7) = t_{LS}(7,8) = 36$$

$$t_{LS}(5,7) = t_{LF}(5,7) - t(5,7) = 36 - 25 = 11$$

$$t_{LF}(4,6) = t_{LF}(5,6) = \min\{t_{LS}(7,8), t_{LS}(6,8)\} = \min\{36,31\} = 31$$

$$t_{LS}(4,6) = t_{LF}(4,6) - t(4,6) = 31 - 15 = 16$$

$$t_{LS}(5,6) = t_{LF}(5,6) - t(5,6) = 31 - 21 = 10$$

$$t_{LF}(2,5) = \min\{t_{LS}(5,6), t_{LS}(5,7), t_{LS}(5,8)\} = \min\{10,11,16\} = 10$$

$$t_{LS}(2,5) = t_{LF}(2,5) - t(2,5) = 10 - 4 = 6$$

$$t_{LF}(3,4) = t_{LF}(1,4) = t_{LS}(4,6) = 16$$

$$t_{LS}(3,4) = t_{LF}(3,4) - t(3,4) = 16 - 4 = 12$$

$$t_{LS}(1,4) = t_{LF}(1,4) - t(1,4) = 16 - 11 = 5$$

$$t_{LF}(1,3) = \min\{t_{LS}(3,4), t_{LS}(5,8), t_{LS}(5,7), t_{LS}(5,6)\} = \min\{12,16,36,10\} = 10$$

$$t_{LS}(1,3) = t_{LF}(1,3) - t(1,3) = 10 - 10 = 0$$

$$t_{LF}(1,2) = t_{LS}(2,5) = 6$$

$$t_{LS}(1,2) = t_{LF}(1,2) - t(1,2) = 6 - 5 = 1$$

事件①是整个网络的初始事件,以它为起点的有三项作业。由此事件①的最迟实现时间为

$$\min\{t_{LS}(1,2), t_{LS}(1,4), t_{LS}(1,3)\} = 0$$

所有的计算结果可以直接用图形表示(见图7-12),作业的最迟开工时间 $t_{LS}(i,j)$ 用三角形在图上表示。

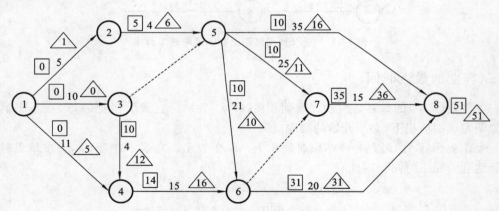

图 7-12　网络图上标最早开工时间与最迟开工时间

三、作业的时差

时差按性质可区分为作业的总时差 $R(i,j)$ 和作业的自由时差(单时差) $F(i,j)$。作业的总时差是指网络上多于一项作业共同拥有的机动时间,并非为某项作业单独拥有。总时差 $R(i,j)$ 的计算公式为

$$R(i,j) = t_{LF}(i,j) - t_{ES}(i,j) - t(i,j)$$
$$= t_{LF}(i,j) - t_{EF}(i,j) = t_{LS}(i,j) - t_{ES}(i,j)$$

如作业$(1,2)$和作业$(2,5)$的总时差都是 1，当作业$(1,2)$用去一部分时差后，作业$(2,5)$就只能拥有剩余的机动时间。

作业的自由时差 $F(i,j)$ 是指不影响它的各项紧后作业最早开工时间条件下，该项作业可以推迟开工的最大时间限度。它是一项作业独立拥有的机动时间，其计算公式为

$$F(i,j) = \min_j\{t_{ES}(j,k)\} - t_{ES}(i,j) - t(i,j)$$
$$= \min_j\{t_{ES}(j,k)\} - t_{EF}(i,j)$$

如
$$F(4,6) = \min\{t_{ES}(7,8), t_{ES}(6,8)\} - t_{ES}(4,6) - 15 = 2$$
$$F(2,5) = \min\{t_{ES}(5,8), t_{ES}(5,7), t_{ES}(5,6)\} - t_{ES}(2,5) - 4 = 1$$

上述计算可以直接在网络图上进行，也可以用列表的方式进行，得到一个网络计划。直接在网络上计算，优点是比较直观，但缺点是图上数字标注过多，不够清晰。因此复杂的 PERT 网络图，较多地利用表格计算。表格形式和计算过程如表 7-2 所示。

表 7-2　列表计算网络图

作业 (i,j)	$t(i,j)$	$t_{ES}(i,j)$	$t_{EF}(i,j)$	$t_{LS}(i,j)$	$t_{LF}(i,j)$	$R(i,j)$	$F(i,j)$
(1,2)	5	0	5	1	6	1	0
(1,3)	10	0	10	0	10	0	0
(1,4)	11	0	11	5	16	5	3
(2,5)	4	5	9	6	10	1	1
(3,4)	4	10	14	12	16	2	0
(3,5)	0	10	10	10	10	0	0
(4,6)	15	14	29	16	31	2	2
(5,6)	21	10	31	10	31	0	0
(5,7)	25	10	35	11	36	1	0
(5,8)	35	10	45	16	51	6	6
(6,7)	0	31	31	36	36	5	4
(6,8)	20	31	51	31	51	0	0
(7,8)	15	35	50	36	51	1	1

下面对表 7-2 做几点说明。

(1) 表的第 1 栏填写网络图上的全部作业。从起点事件中编号最小的填写起，对起点事件编号相同的作业，按终点事件编号由小到大填写；

(2) 表的第 2 栏填写各项作业的计划时间 $t(i,j)$；

(3) 依据相应的公式计算第 3 栏最早开工时间与第 4 栏最早结束时间，其中第 4 栏数值为第 2 栏与第 3 栏之和。计算时假定 $t_{ES}(1,2) = t_{ES}(1,3) = t_{ES}(1,4) = 0$；

(4) 依据相应的公式计算第 5、6 栏的数值，其中第 5 栏数值为第 6 栏数值与第 2 栏数值之差。计算时假定 $t_{LF}(5,8) = t_{LF}(6,8) = t_{LF}(7,8) = 51$，并从表的最下端往上推算；

(5) 表中第 7 栏数值 $R(i,j)$ 按相应的公式计算应是表中第 6 栏数值减去第 4 栏，或者第 5 栏数值减去第 3 栏。

第三节　关键路线和网络计划的优化

前面讲到网络图中从最初事件到最终事件的不同的路中,作业总时间延续最长的一条路称关键路线。在这条路线上所有作业的总时差为零。从表 7-2 中可以看出,作业(1,3)、(3,5)、(5,6)、(6,8)的 $R(i,j)$ 值均为零,因此由这四项作业连接而成的路径构成关键路线,用双箭头标出,如图 7-13 所示。

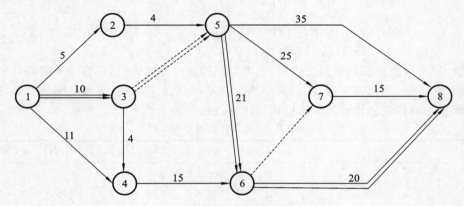

图 7-13　网络图的关键路线

关键路线的意义是:第一,这条路线的持续时间决定了完成全盘计划所需的最少时间;第二,关键路线上各项作业对影响计划进度起关键作用,是整个工程的控制性环节,也就是需要管理者重点关注和安排比较充裕的人力物力以保证按期完工的关键部位。

在一个 PERT 网络图中,有时关键路线可能不止一条。此外,除关键路线外,还有持续时间十分接近的关键路线,称为次关键路线的一些路线,它也是各级管理者应该重点关注的环节。因为一旦采取措施缩短了关键路线上作业的完成时间后,那些次关键路线有可能转变成关键路线。

例 1 中关键路线的持续时间是 51 d,其他路线均有机动时间。为了缩短整个计划进程,就要设法缩短关键路线的持续时间,这就是网络图的优化和改进。缩短网络图上关键路线的持续时间可通过以下途径实现:

(1)检查关键路线上各项作业的计划时间是否订得恰当,如果订得过长,可适当缩短;

(2)将关键路线上的作业进一步分细,尽可能安排多工位或平行作业;

(3)抽调非关键路线上的人力、物力支援关键路线上的作业;

(4)有时也可通过重新定制工艺流程,也就是用改变网络图结构的办法来达到缩短时间的目的。不过这种方法工作量大,只有对整个工程的持续时间有十分严格的要求,而用其他方法均不能奏效的情况下才采用。

例 2　假如例 1 所列的工程要求在 49 d 完成,为加快进度,表 7-3 中列出了表 7-1 中可缩短工时的所有作业,并表明这些作业计划完成时间(d)、最短完成时间(d)以及比原计划缩短一天额外增加的费用(元/天)。问:应如何安排,使额外增加的总费用最少。

表 7-3 各项作业的完成时间

作业	代号	计划完成时间/d	最短完成时间/d	缩短 1 d 增加的费用/(元/天)
(1,3)	B	10	8	700
(1,4)	C	11	8	400
(2,5)	E	4	3	450
(5,6)	G	21	16	600
(5,8)	H	35	30	500
(5,7)	I	25	22	300
(7,8)	J	15	12	400
(6,8)	K	20	16	500

解:可按图 7-14 所列步骤进行。

本例中关键路线上的作业有 3 项:B、G、K。其中,作业 K 缩短 1 d 的费用为最少。工期要求缩短 2 d,该项作业最多可缩短 4 d,但作业(7,8)的自由时差只有 1 d,即工程的工期缩短 1 d 将出现新的关键路线,即有 $\min\{2,1\}=1$,故决定先将作业(6,8)的完成时间缩短至 19 d,比原计划额外增加费用 500 元。

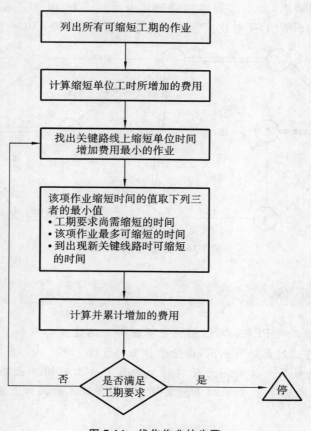

图 7-14 优化作业的步骤

工期缩短后的 PERT 网络图如图 7-15 所示。

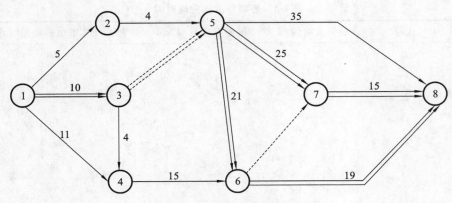

图7-15 优化一次后的网络图

重复上述步骤,但注意到图7-15中有两条关键路线,工期均为50 d。为进一步缩短工期,可以单独缩短(1,3)工期,或在⑤-⑦-⑧和 ⑤-⑥-⑧两条双箭头上同时缩短工期。由于前者额外增加的费用少,故决定单独缩短作业(1,3)的工期。现项目工期还需缩短1 d,该项作业最多可缩短2 d,且工期再缩短1 d后还将出现新的关键路线,即作业(1,2)和作业(2,5)又成为关键路线。故决定将作业(1,3)缩短1 d,再增加额外费用700元。

由于已满足工期要求,就不需要继续调整。由此要求在49 d完成表7-1所列项目,其PERT网络图如图7-16所示,同时比正常施工额外增加费用500+700=1200元。

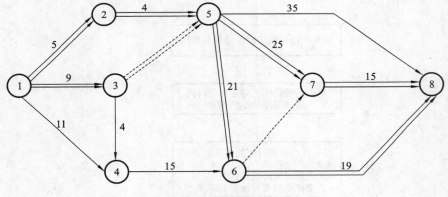

图7-16 优化后的网络图

本章小结

(1)绘制项目的PERT网络图就是根据作业的逻辑关系和PERT网络图的绘制规则画出各作业的前后关系图,以便于作业的管理。

(2)作业的最早开工时间为紧前作业的最早开工时间加上紧前作业的完成时间,如果有多个紧前作业,则为所有紧前作业的最早开工时间加上紧前作业的完成时间的最大值。

（3）作业的最迟开工时间为紧后作业的最迟开工时间减去该作业的完成时间，如果有多个紧后作业，则为所有紧后作业的最迟开工时间减去该作业的完成时间的最小值。

（4）作业的总时差与单时差反映了作业的时间冗余度，单时差反映的是单个作业允许延迟的时间，总时差是经过该作业的整个路线的可延迟时间。

思考与练习

1. 判断题。

（1）网络图中任何一个节点都表示前一个工序的结束和后一个工序的开始。

（2）在 PERT 网络图中，项目的总工期等于各作业的完成时间之和。

（3）在网络图中只能有一个发点和一个收点。

（4）(i,j) 是关键作业，则有 $T_{ES}(i,j) = T_{LS}(i,j)$。

（5）作业的总时差越大，表明该工序在整个网络中的机动时间就越长。

（6）每项作业的最早开工时间为所有紧前作业的最早结束时间的最大值。

（7）总时差为零的各项作业所组成的线路就是网络图的关键路线。

（8）每项作业的最迟开工时间为所有紧后作业的最迟开工时间的最小值减去作业的完成时间。

2. 试根据表 7-4 给定的条件，绘制 PERT 网络图

表 7-4　某项目的作业逻辑关系

作业	紧前作业	作业	紧前作业
A	—	K	J
B	A	L	B
C	A	M	K,L
D	C	N	J
E	C	O	M,N
F	D,E	P	J,L
G	A	Q	I
H	E,G	R	P,Q
I	H	S	O,R
J	F		

3. 根据下列 PERT 网络图（见图 7-17）分别计算：①最早开工时间；②最迟开工时间；③关键路线。在图中标出并写出除关键路线外的作业的总时差与自由时差。

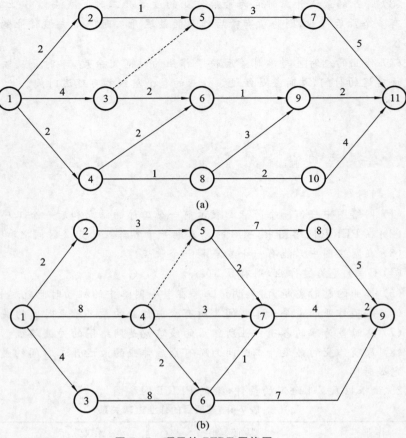

图 7-17　项目的 PERT 网络图

4. 由某工程项目分解的作业如表 7-5 所示。

表 7-5　工程项目分解的作业

工序代号	工序时间	紧后工序
A	4	B,C
B	7	D,E
C	10	E,F
D	8	G
E	12	G
F	7	G
G	5	H
H	4	—

（1）绘制网络图。

（2）标出下列时间参数：最早开工时间，最迟开工时间，关键路线。

（3）写出所有非关键路线上的作业的总时差与自由时差。

5. 已知如表7-6所示的数据。

表7-6　某工程项目给定的数据

工序	紧前工序	工序时间	工序	紧前工序	工序时间
A	G,M	3	G	B,C	2
B	H	4	H	—	5
C	—	7	I	A,L	2
D	L	3	K	F,I	1
E	C	5	L	B,C	7
F	A,E	5	M	C	3

（1）绘制网络图。

（2）标出下列时间参数：最早开工时间，最迟开工时间，关键路线。

（3）写出所有非关键路线上的作业的总时差与自由时差。

6. 某工程的作业信息如表7-7所示。若指定总工期为21天，试求工程的最优赶工方案。

表7-7　某工程的作业信息

工序	紧前工序	正常工序时间	赶工的极限时间	赶工成本/(元/天)
A	—	10	7	400
B	—	5	4	200
C	B	3	2	200
D	A,C	4	3	300
E	A,C	5	3	300
F	D	6	3	500
G	E	5	2	100
H	F,G	5	4	400

案例分析

管道施工工程工期的风险评估

一项管道施工工程由A～G共7项作业组成。受施工区地质、气候、材料供应等条件影响，每项作业的完成时间会在一个很大幅度内变化。例如作业A，需4个月完成的概率为0.6，需5、6、7、8个月完成的概率均为0.1。有关资料如表7-8所示。

表7-8　有关作业的资料

作业	需下列时间完成该作业的概率							期望时间/月	紧前作业
	4	5	6	7	8	9	10		
A	0.6	0.1	0.1	0.1	0.1			5	—
B		0.1	0.2	0.4	0.2	0.1		7	—
C		0.1	0.1	0.1	0.3	0.2	0.2	8	A,B

作业	需下列时间完成该作业的概率							期望时间/月	紧前作业
	4	5	6	7	8	9	10		
D	0.1	0.4	0.2	0.1	0.1	0.1		6	B
E	0.1	0.8	0.1					5	A,D
F		0.2	0.2	0.2	0.2	0.2		8	C,D
G		0.4	0.3	0.2	0.1			6	E,F

分别完成以下要求:

(1) 按期望时间画出该工程的 PERT 网络图,找出关键路线;

(2) 按期望时间计算各项作业的最早开工时间;

(3) 计算各项作业完成时间的方差,并计算各项作业在最早开工时间、整个工程按期望时间计算的关键路线完成的概率;

(4) 按上述计算对该管道工程施工工期的风险进行评估,并对如何降低风险提出你的看法与依据。

第八章 →

存储论

学习导引

　　所谓存储就是将一些物资，如原材料、外购零件、部件、成品等储存起来，等待将来的消费。存储是缓解供应与需求之间不协调的有效方法和措施。一般称存储的物资为库存，相应的存储管理为库存管理。库存管理是现代企业生产经营管理中的一个重要环节，它解决了生产与需求的不确定性、季节性之间的矛盾，是生产与销售顺利进行的重要保证。但是，库存也必须是合理的。如果库存过多，则会造成企业资金成本增加；如果库存过少，则会使企业生产中断或者销售机会流失。企业生产过程总是期望以最小的库存成本去满足生产的需要，从而为客户提供最好的服务。因此，追求合理的库存水平就成为企业管理人员的重要目标。

学习重点

　　通过本章学习，应重点掌握以下知识要点：

1. 存储管理的基本定义与概念；
2. 存储管理的主要费用；
3. 经济订货批量模型；
4. 价格折扣的存储模型；
5. ABC 存储管理模型。

　　存储论是运筹学最早成功应用的领域之一。在 1915 年，哈里斯（Harris）建立了一个商业中的简单库存模型，1934 年威尔逊（Wilson）重新得出了 Harris 公式。第二次世界大战后，不同环境的库存模型大量涌现。存储论主要解决如下两个问题：

　　（1）当我们补充库存时，每次需要补充数量是多少？

　　（2）我们应间隔多长时间来补充库存物资？

第一节　存储论的基本概念

　　任何一个企业在生产过程中都需要把一些原料、零配件、成品等暂时存储起来,以解决生产与需求之间的不协调。如每个商场都会储存大量的商品,等待客户来消费。但是,过多的库存会造成商品积压,占用流动资金过多,从而造成大量的利息损失;或者销售不出去造成经营损失。如果库存商品数量不足,则会发生缺货现象,造成顾客流失而减少收益。因此,利用运筹学的方法最经济、合理地解决库存问题,成为很多经营管理者的目标。

　　一般的存储问题可以用如图 8-1 所示的模型来表示。由于生产或销售的需求,从仓库取出一定数量的存储货物,这就是库存的输出。由于库存的不断输出而导致存储量减少时,则必须及时进行补充,这就是库存的输入。供应可以是生产者自己生产或者外购,需求则是存储货物的消耗。

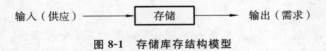

图 8-1　存储库存结构模型

　　研究一般的存储问题所包括的基本要素有六个。

　　1. 需求率

　　指单位时间(年、月、日)内对某种物品的需求量,以 D 表示。对存储库存系统来说需求率是输出指标。根据需求的时间特性,需求率可以是均匀连续的,如在自动装配线上组装汽车,每若干分钟出产一辆;需求也可以是间断成批的,如一台生产若干种规格标准件的自动机床,它交替地生产出不同规格的标准件,每种标准件都以间断成批的输出形式出现。根据需求的数量特征,需求率有确定性和随机性之分,如一个商店每天出售商品的数量表现为随机性,而生产经营中按合同要求供应产品则属于确定性的需求。

　　2. 订货批量

　　指一次订货中包含某种物品的数量(称为批量),通常用 Q 表示。若订购批量过多,则会增加货物的存储成本;若订购批量过少,则可能造成缺货。

　　3. 订货间隔期

　　指两次订货之间的时间间隔,以 t 表示,也称为订货周期。

　　4. 订货提前期

　　指从提出订货到收到货物的时间间隔,用 L 表示。设已知某种物品的订货提前期为 5 天,若希望能在 4 月 22 日收到这种物品,那么最迟应在 4 月 17 日提出订货。

　　5. 存储(订货)策略

　　决定什么时间提出订货以及订货的数量。常见的库存管理策略有如下三种:

　　(1) t 循环策略。每隔固定的时间 t 补充固定的存储量。

　　(2) (s,S) 策略。当存储量 $x>s$ 时不补充;当存储量 $x \leqslant s$ 时补充库存,订货批量为 $S-x$,补充库存后存储量达到最大量,其中 s 为订货点。

　　(3) (q,Q) 策略。对库存进行连续性检查,当存储量减少到订购水平 q 以下,立即订货,且每次的订货批量为 Q。

　　6. 与存储问题有关的库存管理费用

　　它是评价库存管理优劣的主要标准,主要费用有 3 种:

（1）订货费。指每组织一次生产、订货或采购某种物品所必需的费用，通常认为同订购数量大小无关。例如采购某种物品所发生的交通费、电信费用、出差费、检验费等固定费用。购买一件或十件的花费基本一样，因此分配到每件物品上的费用随购买量增加而减少，用 C_D 表示。如果企业自行生产，则是指这批库存的生产准备费用。

（2）存储费用。包括仓库保管费，占用流动资金的利息、保险金、存储物的变质损失等。这类费用随存储物的数量和存储时间的增加而增加，以每件存储物在单位时间内所发生的费用计算，用符号 C_P 表示。

（3）缺货损失费用。指货物已耗尽，因发生供不应求而造成的经济损失。例如商场因商品存储不足，丧失销售机会的利润损失。以每发生一件短缺物品在单位时间内需求方的损失费用大小来计算，用 C_S 表示。短缺损失有时也考虑供不应求时带来的商誉上的损失。

以上项目是库存管理问题中的主要存储费用，在不同的问题中应根据实际情况决定应该有哪些存储费用。

第二节　经济订货批量的存储模型

一个工厂在组织生产中都是批量进行生产的，上下工序之间也是成批地进行周转。那么，多大的批量才是经济适用的？下面讨论几种典型的模型。

一、基本的经济订货批量（EOQ）模型

研究此模型时需要作一些假设，使模型简单，便于理解与计算。假设如下：

（1）需求是以连续均匀的速度 D 消耗的，D 是常数，则 t 时间的需求量为 Dt；

（2）当存储量为零时，可以立即得到补充，补充时间很短，可以近似看作零；

（3）单位存储费 C_P 不变；

（4）不允许缺货，缺货费用无穷大；

（5）每次订货量 Q 相同，订货费 C_D 不变（每次生产批量不变，装配费不变）。

上述库存数量变化可用图 8-2 表示。

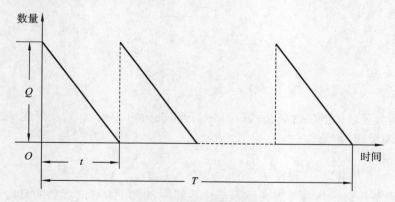

图 8-2　库存数量变化图

在此模型中，没有缺货，因此不必考虑缺货费用，只需考虑订货费用与存储费用。为了找出最优的订货策略，首先应明确在需求确定的情况下订货数量越多，则订货次数越少，能减少订货费用，但订货量大又会增加存储费用。因此，需要导出费用函数。

假定每隔时间 t 订购一次,则 t 时间内的平均存储量为

$$\frac{1}{t}\int_0^t Dt\,\mathrm{d}t = \frac{1}{2}Dt$$

此式表明 t 时间的存储费用为 $\frac{1}{2}C_P Dt^2$。而在 t 时间内发生一次订货,订货费用为 C_D,因此时间 t 内发生的库存管理总费用为 $C_D + \frac{1}{2}C_P Dt^2$,而一个订货周期内单位时间内的平均费用为:

$$TC = \frac{C_D}{t} + \frac{1}{2}C_P Dt \tag{8.1}$$

总的平均费用 TC 随 t 的变化而变化,它是时间 t 的函数,其图形如图 8-3 所示,则对平均费用两边取导数就可以求出 t 为何值时 TC 最小。

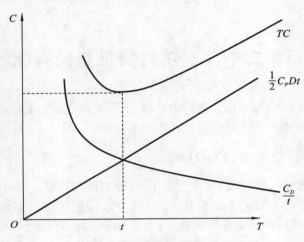

图 8-3 库存管理费用变化图

这时

$$\frac{\mathrm{d}TC}{\mathrm{d}t} = -\frac{C_D}{t^2} + \frac{1}{2}C_P D = 0$$

则生产周期

$$t = \sqrt{\frac{2C_D}{C_P D}} \tag{8.2}$$

则订货批量为

$$Q = Dt = \sqrt{\frac{2C_D D}{C_P}} \tag{8.3}$$

式(8.3)即为著名的经济批量公式(economic ordering quantity),此时在一个周期内发生的最佳库存管理费用为

$$TC = C_D\sqrt{\frac{C_P D}{2C_D}} + \frac{1}{2}C_P D\sqrt{\frac{2C_D}{C_P D}} = \sqrt{2C_P C_D D} \tag{8.4}$$

例 1 某设备厂商平均每年需要购入某种零部件 3000 件,每批货物的订购费用 20 元,平均每月每件电子元件的存储费用为 1 元。试求该设备厂对该零部件的最佳订货批量、最小的库存管理费用、生产周期。

解:根据已知条件,$D = 3000$ 件/年,$C_D = 20$ 元,$C_P = 12$ 元/(年·件),由式(8.3)、式(8.4)以及式(8.2)得

$$Q = \sqrt{\frac{2C_D D}{C_P}} = \sqrt{\frac{2 \times 20 \times 3000}{12}} = 100（件）$$

$$TC = \sqrt{2C_P C_D D} = \sqrt{2 \times 12 \times 20 \times 3000} = 1200 （元/年）$$

$$t = \sqrt{\frac{2C_D}{C_P D}} = \sqrt{\frac{2 \times 20}{12 \times 3000}} = \frac{1}{30}（年） = 12.17（天）$$

或者

$$每年订货次数 \ n = \frac{D}{Q} = \frac{3000}{100} = 30（次）$$

$$t = \frac{365}{30} = 12.17（天）$$

二、一般的经济订货批量模型

本模型考虑的是允许缺货的情况，并将缺货损失定量化来加以研究。由于允许缺货，企业在库存降至零后，还可以等一段时间后再订货。这就意味着企业可以少付几次订货的固定费用，少支付一次存储费用，但却增加了缺货费。本模型就是在这样的背景下，寻求最佳的库存管理策略，使库存管理费用最小。

模型假设如下：

（1）需求是连续均匀的，需求速度 D 为常数；

（2）补充库存是需要一定时间的，生产是连续均匀的，生产速度 P 为常数，且 $P > D$；

（3）单位存储费为 C_P，单位缺货费为 C_S，一次订货费为 C_D。

库存量变化情况如图 8-4 所示。

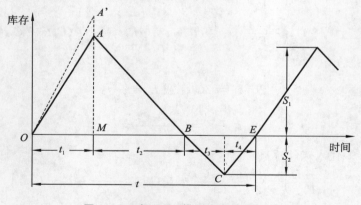

图 8-4　一般 EOQ 模型库存量变化图

设 S_1 为最大存储量，S_2 为最大短缺量，C_D 为开始一个周期的生产准备费用，C_P 为单位产品在单位时间的存储费，C_S 为发生单位产品在单位时间短缺时的损失费，试确定总费用为最小的最佳生产批量 Q。

一个生产周期的长度为 $t_1 + t_2 + t_3 + t_4$，一个周期的订货费为 C_D，存储费为 $\frac{C_P S_1}{2}(t_1 + t_2)$，缺货费为 $\frac{C_S S_2}{2}(t_3 + t_4)$，用 TC 表示单位时间的平均总费用，则有

$$TC = \frac{C_D + \frac{C_P S_1}{2}(t_1 + t_2) + \frac{C_S S_2}{2}(t_3 + t_4)}{t_1 + t_2 + t_3 + t_4} \tag{8.5}$$

因为
$$S_1 = Pt_1 - Dt_1 = (P-D)t_1 = Dt_2$$

所以
$$t_1 = \frac{D}{P-D}t_2, \quad t_1 + t_2 = \frac{P}{P-D}t_2$$

同样
$$S_2 = Dt_3 = (P-D)t_4$$

有
$$t_4 = \frac{D}{P-D}t_3, \quad t_3 + t_4 = \frac{P}{P-D}t_3$$

因此
$$t_1 + t_2 + t_3 + t_4 = \frac{P}{P-D}(t_2 + t_3)$$

$$Q = D(t_1 + t_2 + t_3 + t_4) = \frac{PD}{P-D}(t_2 + t_3)$$

将 t_1、t_4 分别用 t_2、t_3 表示,代入式(8.5)得

$$TC = \frac{C_D + \dfrac{C_P}{2}(Dt_2)\left(\dfrac{P}{P-D}\right)t_2 + \dfrac{C_S}{2}(Dt_3)\left(\dfrac{P}{P-D}\right)t_3}{\dfrac{P}{P-D}(t_2 + t_3)} = \frac{C_D\left(\dfrac{P-D}{P}\right) + \dfrac{D}{2}(C_P t_2^2 + C_S t_3^2)}{t_2 + t_3}$$

令

$$\frac{\partial TC}{\partial t_2} = (t_2 + t_3)^{-2}\left[-C_D\left(\frac{P-D}{P}\right) + \frac{D}{2}(t_2 + t_3)(2C_P t_2) - \frac{D}{2}(C_P t_2^2 + C_S t_3^2)\right] = 0 \quad (8.6)$$

$$\frac{\partial TC}{\partial t_3} = (t_2 + t_3)^{-2}\left[-C_D\left(\frac{P-D}{P}\right) + \frac{D}{2}(t_2 + t_3)(2C_S t_3) - \frac{D}{2}(C_P t_2^2 + C_S t_3^2)\right] = 0 \quad (8.7)$$

由式(8.6)和式(8.7)有

$$2C_P t_2 = 2C_S t_3 \text{ 或 } t_2 = \frac{C_S}{C_P}t_3 \quad (8.8)$$

$$t_2 + t_3 = \frac{C_S + C_P}{C_P}t_3 \quad (8.9)$$

将式(8.8)、式(8.9)代入式(8.7)得

$$C_D\left(\frac{P-D}{P}\right) = \frac{D}{2}\left(\frac{C_S + C_P}{C_P}\right)t_3(2C_S t_3) - \frac{D}{2}\left(\frac{C_S^2}{C_P}t_2^3 + C_S t_3^2\right)$$

或 $\quad C_D\left(\dfrac{P-D}{P}\right) = Dt_3^2\left(\dfrac{C_S^2 + C_P C_S}{C_P}\right) - \dfrac{Dt_3^2}{2}\left(\dfrac{C_S^2 + C_P C_S}{C_P}\right) = \dfrac{1}{2}(Dt_3^2)\left(\dfrac{C_S^2 + C_P C_S}{C_P}\right)$

所以 $\quad t_3^2 = 2C_D\left(\dfrac{P-D}{PD}\right)\dfrac{C_P}{C_S}\left(\dfrac{1}{C_P + C_S}\right) = \dfrac{2C_D C_P(P-D)}{PDC_S(C_P + C_S)} = \dfrac{2C_D C_P(1-D/P)}{DC_S(C_P + C_S)}$

$$t_3^* = \sqrt{\frac{2C_D C_P(1-D/P)}{C_S D(C_P + C_S)}} \quad (8.10)$$

将式(8.10)代入式(8.8)得

$$t_2^* = \sqrt{\frac{2C_D C_S(1-D/P)}{C_P D(C_P + C_S)}} \quad (8.11)$$

将式(8.8)、式(8.10)、式(8.11)代入 $Q = \dfrac{PD}{P-D}(t_2 + t_3)$ 有

$$Q^* = \frac{PD}{P-D}\left[\left(1+\frac{C_S}{C_P}\right)t_3\right] = \frac{PD}{P-D}\left(1+\frac{C_S}{C_P}\right)\sqrt{\frac{2C_DC_P(1-D/P)}{C_SD(C_P+C_S)}}$$

$$= \sqrt{\frac{2C_DD(C_P+C_S)}{C_SC_P(1-D/P)}} = \sqrt{\frac{2C_DD}{C_P}}\times\sqrt{\frac{C_S+C_P}{C_S}}\times\sqrt{\frac{P}{P-D}} \qquad (8.12)$$

将式(8.11)代入 $S_1=Dt_2$ 得

$$S_1^* = \sqrt{\frac{2C_DC_SD(1-D/P)}{C_P(C_P+C_S)}} = \sqrt{\frac{2C_DD}{C_P}}\times\sqrt{\frac{C_S}{C_S+C_P}}\times\sqrt{\frac{P-D}{P}} \qquad (8.13)$$

将式(8.10)代入 $S_2=Dt_3$ 得

$$S_2^* = \sqrt{\frac{2C_DC_PD(1-D/P)}{C_S(C_P+C_S)}} = \sqrt{\frac{2C_DD}{C_S}}\times\sqrt{\frac{C_P}{C_S+C_P}}\times\sqrt{\frac{P-D}{P}} \qquad (8.14)$$

将上述结果代入式(8.5)得

$$TC^* = \sqrt{\frac{2DC_PC_SC_D(1-D/P)}{(C_P+C_S)}} = \sqrt{2C_DC_PD}\times\sqrt{\frac{C_S}{C_S+C_P}}\times\sqrt{\frac{P-D}{P}} \qquad (8.15)$$

当 $P\gg D$，即订货提前期为零时，有 $\frac{D}{P}\to0$ 或 $\left(1-\frac{D}{P}\right)\to1$，若不允许缺货，视缺货损失 $C_S\to\infty$，这时式(8.12)、式(8.15)可变为式(8.3)、式(8.4)，可看出基本经济订货批量模型是一般经济订货批量模型的特殊情况。

例 2 某车间每年能生产本厂日常所需的某种零件 8000 个，全厂每年能均匀需要这种零件 2000 个，已知每个零件存储一年所需的费用为 2.4 元，每批零件生产前所需的生产准备费用为 250 元，当供货不足时每个零件缺货的损失为 0.5 元/月，试求最佳生产批量、最大存储量、最大缺货量以及最小的库存管理费用。

解：$P=8000$ 个/年，$D=2000$ 个/年，$C_P=2.4$ 元/(年·个)，$C_S=6$ 元/(年·个)，$C_D=250$ 元，利用式(8.12)、式(8.13)、式(8.14)以及式(8.15)得

$$Q = \sqrt{\frac{2C_DD}{C_P}}\times\sqrt{\frac{C_S+C_P}{C_S}}\times\sqrt{\frac{P}{P-D}}$$

$$= \sqrt{\frac{2\times250\times2000}{2.4}}\times\sqrt{\frac{6+2.4}{6}}\times\sqrt{\frac{8000}{8000-2000}}\approx882(\text{个})$$

$$S_1^* = \sqrt{\frac{2C_DD}{C_P}}\times\sqrt{\frac{C_S}{C_S+C_P}}\times\sqrt{\frac{P-D}{P}}$$

$$= \sqrt{\frac{2\times250\times2000}{2.4}}\times\sqrt{\frac{6}{2.4+6}}\times\sqrt{\frac{8000-6000}{8000}}\approx273(\text{个})$$

$$S_2^* = \sqrt{\frac{2C_DD}{C_S}}\times\sqrt{\frac{C_P}{C_S+C_P}}\times\sqrt{\frac{P-D}{P}}$$

$$= \sqrt{\frac{2\times250\times2000}{6}}\times\sqrt{\frac{2.4}{6+2.4}}\times\sqrt{\frac{8000-2000}{8000}}\approx189(\text{个})$$

$$TC^* = \sqrt{2C_DC_PD}\times\sqrt{\frac{C_S}{C_S+C_P}}\times\sqrt{\frac{P-D}{P}}$$

$$= \sqrt{2\times250\times2.4\times2000}\times\sqrt{\frac{6}{6+2.4}}\times\sqrt{\frac{8000-2000}{8000}}\approx1134(\text{元/年})$$

三、订货提前期为零，允许缺货的 EOQ 模型

这时情况可用图 8-5 来表示，设 S 为最大允许的缺货量。在 t_1 时间间隔内，库存量是正

运筹学

值，在 t_2 时间间隔内发生短缺。每当新的一批零件到达，马上补足供应所短缺的数量 S_2，然后将 $Q-S_2$ 的物品暂时储存在仓库。因此最高的库存量是 $Q-S_2$，在这个模型中包含的单位费用有：订货费用 C_D，存储费用 C_P 和短缺费用 C_S，现需要确定经济批量 Q 及供应间隔期 t，使平均总费用为最小。

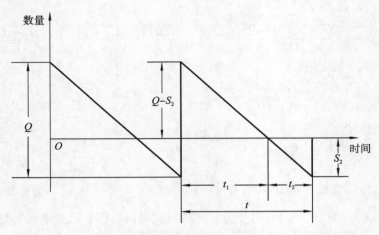

图 8-5　订货提前期为零允许缺货的库存变化图

在这种情况下相当于 $P \to \infty$，当需求是一定时，有 $\dfrac{D}{P} \to 0$，这时式(8.12)、式(8.14)与式

(8.15)变为

$$Q^* = \sqrt{\frac{2C_DC_SD}{C_P(C_P+C_S)}} = \sqrt{\frac{2C_DD}{C_P}} \times \sqrt{\frac{C_S}{C_P+C_S}} \qquad (8.16)$$

$$S_2^* = \sqrt{\frac{2C_DC_PD}{C_S(C_P+C_S)}} = \sqrt{\frac{2C_DD}{C_S}} \times \sqrt{\frac{C_P}{C_P+C_S}} \qquad (8.17)$$

$$TC^* = \sqrt{\frac{2C_DDC_PC_S}{C_P+C_S}} = \sqrt{2C_DC_PD} \times \sqrt{\frac{C_S}{C_P+C_S}} \qquad (8.18)$$

例3　某工厂按照合同每月向外单位供货100件，每次生产准备费用为50元，每件年存储费用为4.8元，若不能按期交货每件每月罚款0.5元，试求最佳生产批量、最大缺货量以及最小的库存管理费用。

解： $D=100$ 件/月，$C_P=0.4$ 元/(月·件)，$C_S=0.5$ 元/(月·件)，$C_D=50$ 元，利用式(8.16)、式(8.17)以及式(8.18)得

$$Q^* = \sqrt{\frac{2C_DD}{C_P}} \times \sqrt{\frac{C_S}{C_S+C_P}} = \sqrt{\frac{2\times50\times100}{0.4}} \times \sqrt{\frac{0.5}{0.5+0.4}} \approx 85(件)$$

$$S_2^* = \sqrt{\frac{2C_DD}{C_S}} \times \sqrt{\frac{C_P}{C_P+C_S}} = \sqrt{\frac{2\times50\times100}{0.5}} \times \sqrt{\frac{0.4}{0.5+0.4}} \approx 94(件)$$

$$TC^* = \sqrt{2C_DC_PD} \times \sqrt{\frac{C_S}{C_P+C_S}} = \sqrt{2\times50\times0.4\times100} \times \sqrt{\frac{0.5}{0.4+0.5}} \times 12$$

$$\approx 566(元/年)$$

四、生产需一定时间，不允许缺货的 EOQ 模型

除了不允许有缺货外，其他条件均同例2，设 S_1 为最大库存量，试确定最佳生产批量 Q^*

及相应的 t_1^*、t_2^*、S^* 的值,使得周期 t 内的总费用 TC 为最小,这种情况如图 8-6 所示。

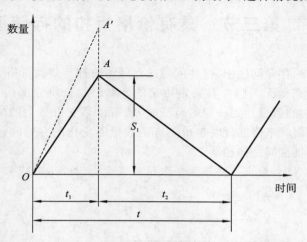

图 8-6 生产需要一定时间不允许缺货的库存变化图

这时 $C_S \rightarrow \infty$,式(8.12)、式(8.13)、式(8.15)变为

$$Q^* = \sqrt{\frac{2C_D D}{C_P(1 - D/P)}} = \sqrt{\frac{2C_D D}{C_P}} \times \sqrt{\frac{P}{P - D}} \qquad (8.19)$$

$$S_1^* = \sqrt{\frac{2C_D D(1 - D/P)}{C_P}} = \sqrt{\frac{2C_D D}{C_P}} \times \sqrt{\frac{P - D}{P}} \qquad (8.20)$$

$$TC^* = \sqrt{2C_D C_P D(1 - D/P)} = \sqrt{2C_D C_P D} \times \sqrt{\frac{P - D}{P}} \qquad (8.21)$$

可进一步得到

$$t_1^* = \frac{S^*}{P - D} = \sqrt{\frac{2C_D D}{C_P P(P - D)}} \qquad (8.22)$$

$$t_2^* = \frac{S^*}{D} = \sqrt{\frac{2C_D(1 - D/P)}{C_P D}} \qquad (8.23)$$

例 4 某装配车间某月需某种零件 400 件,该零件由厂内生产,生产率为每月 800 件,每批生产准备费用为 100 元,每月每件零件存储费为 0.5 元,试确定最优生产批量、最大存储量以及最小库存管理费用。

解: $D = 400$ 件/月, $P = 800$ 件/月, $C_P = 0.5$ 元/(月·件), $C_D = 100$ 元,利用式(8.19)、式(8.20)以及式(8.21)得

$$Q^* = \sqrt{\frac{2C_D D}{C_P}} \times \sqrt{\frac{P}{P - D}} = \sqrt{\frac{2 \times 100 \times 400}{0.5}} \times \sqrt{\frac{800}{800 - 400}} \approx 566(件)$$

$$S_1^* = \sqrt{\frac{2C_D D}{C_P}} \times \sqrt{\frac{P - D}{P}} = \sqrt{\frac{2 \times 100 \times 400}{0.5}} \times \sqrt{\frac{800 - 400}{800}} \approx 283(件)$$

$$TC^* = \sqrt{2C_D C_P D} \times \sqrt{\frac{P - D}{P}} \times 12 = \sqrt{2 \times 100 \times 0.5 \times 400} \times \sqrt{\frac{800 - 400}{800}} \times 12$$

$$\approx 1697(元 / 年)$$

第三节　具有价格折扣的存储模型

在本章前面几节的存储问题中,这些问题的存储策略都与货物价格无关。在实际生活中,存储策略与货物价格完全无关吗? 答案是否定的。有时物资供应部门为了鼓励客户多购产品,规定凡是每批货物的数量达到一定的范围时,就可以享受价格上的优惠,这种价格上的优惠叫作批量折扣。下面就来研究货物单价随订购数量而变化的存储问题,假设其余条件皆与不允许缺货经济订购批量问题的相同。

记货物单价为 $K(Q)$,设 $K(Q)$ 按三个数量等级变化(见图8-7)。

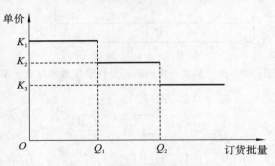

图 8-7　价格随批量变化图

$$K(Q) = \begin{cases} K_1 & (0 \leqslant Q < Q_1) \\ K_2 & (Q_1 \leqslant Q < Q_2) \\ K_3 & (Q \leqslant Q_2) \end{cases}$$

当订购量为 Q 时,一个时间跨度内所需总费用(库存管理费用＋货物取得费用)为:

$$TC(Q^*) = K(Q)Q + \frac{1}{2}C_P Q^* + C_D \frac{D}{Q^*}$$

在每段内价格不变,但库存管理费用是变化的,只要求出每段内存储(库存)费用最低的点,即为该段内总费用最低的点。分别求出每段内总费用最小的批量,然后总费用最小的批量即为最优批量。

例5　某产品的需求是每年 3000 个产品单位,每一个订单的成本是 100 元,每年的存货持有成本是产品单位成本的 20％,而单位成本根据订单批量变化的规律如下:订单批量小于等于 500 个产品单位,单位成本 10 元;订单批量小于 1000 个产品单位,单位成本为 9 元,订单批量大于等于 1000 个产品单位,单位成本为 8 元。在这种情况下,最佳的订货批量是多少?

解:这就是分段讨论库存管理费用与货物取得费用的总和最小,可以利用图8-8来进行分段讨论。

1) 在 $0 < x \leqslant 500$ 时, $K_1 = 1$ 元, $C_P = 2$ 元/(个·年)

$$Q = \sqrt{\frac{2C_D D}{C_P}} = \sqrt{\frac{2 \times 100 \times 3000}{2}} \approx 548\,(\text{个})$$

在库存管理曲线上,在订货量为 500 时,库存管理费用最小。而在这段内单价是不变的,因此在这段内当订购量为 500 时,库存管理费用和货物取得的费用最小,可以算出

$$TC(500) = 3000 \times 10 + \frac{3000}{500} \times 100 + \frac{1}{2} \times 2 \times 500 = 31100\,(\text{元})$$

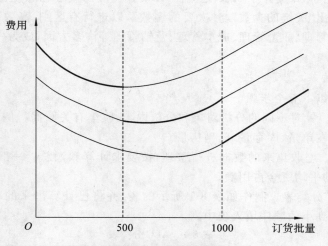

图 8-8　分段的库存管理费用变化

2）在 $500 < x < 1000$ 时，$K_1 = 9$ 元，$C_P = 1.8$ 元/（个·年）

$$Q = \sqrt{\frac{2C_D D}{C_P}} = \sqrt{\frac{2 \times 100 \times 3000}{1.8}} \approx 577 （个）$$

在库存管理曲线上，在订货量为 577 时，库存管理费用最小。而在这段内单价是不变的，因此在这段内当订购量为 577 时，库存管理费用和货物取得的费用最小，可以算出

$$TC(577) = 3000 \times 9 + \frac{3000}{577} \times 100 + \frac{1}{2} \times 1.8 \times 577$$

$$\approx 28039（元）$$

3）在 $x \geqslant 1000$ 时，$K_1 = 8$ 元，$C_P = 1.6$ 元/（个·年）

$$Q = \sqrt{\frac{2C_D D}{C_P}} = \sqrt{\frac{2 \times 100 \times 3000}{1.6}} \approx 612 （个）$$

在库存管理曲线上，在订货量为 1000 时，库存管理费用最小。而在这段内单价是不变的，因此在这段内当订购量为 1000 时，库存管理费用和货物取得的费用最小，可以算出

$$TC(1000) = 3000 \times 8 + \frac{3000}{1000} \times 100 + \frac{1}{2} \times 1.6 \times 1000 = 25100（元）$$

因此　　　　　　　　　　　$TC(500) > TC(577) > TC(1000)$

所以最优订购量为 1000。

第四节　ABC 库存管理模型

ABC 分类存储方法是将 ABC 分类法应用于存储问题，这些存储问题中存储的物品都有很多种。

1. ABC 分类法原理

ABC 分类法的基本原理是意大利经济学家维尔弗雷多·帕累托（Pareto）于 19 世纪首创的。该法因为将众多的研究对象按重要性划分为 A、B、C 三类而得名。一般而言，A 类在全部研究对象中仅占少数，但对所研究的问题却起着很大、很关键的作用；C 类则正相反，虽占多数,起的作用却相当小;B 类介于 A、C 之间。ABC 分类法的核心思想是分层次、抓重点,从众多研究对象中识别出"关键的少数"与"次要的多数",以进行有区别、高效率的管理。现在,该法已广泛用于库存管理、质量管理、成本管理、营销管理等许多方面,成为一种提高效率的基本的管理方法。

2. ABC 分类法基本步骤

大致可以分为以下五个步骤:

(1) 收集数据。针对不同的分析对象和分析内容,收集有关数据。例如分析库存数据时,应收集库存商品的在单量、库存量、已销售量。

(2) 统计汇总。对收集来的数据进行整理,按要求计算和汇总。一般以平均库存乘以单价,计算各种物品的平均资金占用额。

(3) 编制 ABC 分类表。制作如表 8-1 所示的表,并将已计算出来的平均资金占用额,以排序的方式按从大到小的顺序填入表中。

表 8-1　ABC 分类表

物品名称①	品目数累计②	品目数累计百分比③	物品单价④	平均库存⑤	平均资金占用额⑥＝④×⑤	平均资金占用额累计⑦	平均资金占用额累计百分比⑧	分类结果⑨

(4) ABC 分类。按 ABC 分类表,以品目数(存货品种)累计百分比为横坐标,以平均资金占用额累计百分比为纵坐标,在坐标图上取点,并连接各点,绘制成 ABC 分类曲线,如图 8-9 所示。品目数累计百分比为 10%～20%,而平均资金占用额累计百分比为 60%～80% 的商品,确定为 A 类;品目数累计百分比为 20%～30%,而平均资金占用额累计百分比为 10%～20% 的商品,确定为 B 类;品目数累计百分比为 50%～70%,而平均资金占用额累计百分比为 10% 左右的商品,确定为 C 类。一般公司可能会根据实际情况对分类标准有所调整。

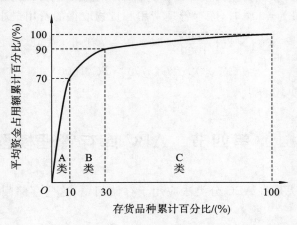

图 8-9　ABC 分类法

(5) 管理。在对库存进行分类后,根据企业的经营策略对不同级别的库存进行不同的管理和控制,如表 8-2 所示。

表 8-2　ABC 分类管理标准

项目/级别	A 类	B 类	C 类
控制程度	严格控制	一般控制	简单控制
库存量计算	依库存模型详细计算	一般计算	简单计算或不计算
进出记录	详细记录	一般记录	简单记录
存货检查频度	密集	一般	很低
安全库存量	小	较大	大量

当然不同企业也可以根据不同的需要对 ABC 分类百分比进行调整。

例 6　现有如表 8-3 所示的某商店的商品销售情况。

表 8-3　某商店的商品销售情况

商品序号	年度/公斤	平均单价/(元/公斤)	商品序号	年度销售量/公斤	平均单价/(元/公斤)
1	20000	20	6	10000	11
2	23000	10	7	1300	30
3	25000	3	8	2000	16
4	30000	2	9	2900	10
5	4000	10	10	5000	6

（1）算出每种商品的年度销售额并进行排序，如表 8-4 所示。

表 8-4　年度销售额的排序

商品序号	年度销售额/元	年度销售额排序 （从大到小）	商品序号	年度销售额/元	年度销售额排序 （从大到小）
1	400000	1	6	110000	3
2	230000	2	7	39000	7
3	75000	4	8	32000	8
4	60000	5	9	29000	10
5	40000	6	10	30000	9

将本例全部商品（共 10 种）按表 8-4 中年度销售额从大到小的顺序重新排列成品目 1、品目 2、品目 3……品目 10。这里的"品目"代指物品。品目 1，即年度销售额最大的商品 1；品目 2，即年度销售额居第 2 位的商品 2；品目 3，即年度销售额居第 3 位的商品 6……品目 10，即年度销售额居第 10 位（最小）的商品 9。

（2）为了方便 ABC 分类，还需要计算累计品目百分数、年度销售额百分数、累计年度销售额百分数。计算结果如表 8-5 所示。

表 8-5　ABC 分析表格

品目序号 （累计品目数）	累计品目 百分数/（%）	年度销售额 /元	年度销售额 百分数/（%）	累计年度销售额 百分数/（%）	ABC 分类结果
1	10	400000	38.28	38.28	A
2	20	230000	22.01	60.29	A
3	30	110000	10.53	70.82	B
4	40	75000	7.18	78.00	B
5	50	60000	5.74	83.74	B
6	60	40000	3.83	87.57	C
7	70	39000	3.73	91.30	C
8	80	32000	3.06	94.36	C
9	90	30000	2.87	97.23	C
10	100	29000	2.78	100	C

表 8-5 中,品目序号就是累计品目数。

$$累计品目百分数 = \frac{累计品目数}{品目总数}$$

$$年度销售额百分数 = \frac{年度销售额}{年度销售额总数}$$

$$累计年度销售额百分数 = \frac{累计年度销售额}{年度销售额总数}$$

表 8-5 中各项计算示例:例如,累计品目数=5 时,有

$$累计品目百分数 = \frac{5}{10} = 50\%$$

$$年度销售额百分数 = \frac{品目 5 的年度销售额}{年度销售额总数} = \frac{60000}{1045000} = 5.74\%$$

累计年度销售额百分数=38.28%+22.01%+10.53%+7.18%+5.74%=83.74%

（3）确定 ABC 分类结果。ABC 分类法广泛应用于存储问题中,但对 A 类、B 类、C 类的具体分类标准,没有(也不可能有)严格、统一的规定,必须具体问题具体分析。每一个存储问题都有自己的特殊性,没有(也不可能有)哪一个具体的 ABC 分类标准能覆盖一切存储问题。在进行 ABC 分类时,决策者必须从"这一个"具体问题的基本情况出发,坚持具体问题具体分析。例如,一般情况下,ABC 分类法是将研究对象划分为三类。但有时也可能根据具体问题的研究对象数量、重要性分布等特征,将研究对象划分为两类、四类等。另外,以年度销售额作为分类依据,非常简单、实用,但有些情况下不能很全面地反映每一种商品在全局中的重要程度。例如,有的商品年度销售额虽小,但对全局却有着举足轻重的关键作用,这样的商品显然不应该划为 C 类。也就是说,这种情况下应该对单一的年度销售额分类依据进行适当的补充修正。依据一般原则可以把该商店的商品进行 ABC 分类,结果如表 8-5 所示。

3. ABC 分类法应用于存储问题

ABC 分类完成后,就可以按类进行有区别的存储管理了。

1）A 类的存储管理

A 类是"关键的少数",需要进行重点管理。A 类管理须严格、及时,数量上尽可能精准。

例如,频繁地或连续地检测存储水平。严格管理、控制订购过程,尽一切努力缩短拖后时间(交付周期);为 A 类中的每一种物品精心预测需求量,制定最优存储策略,计算最优订货量;频繁地检查与统计一些重要参数,如年度平均需求量、年度需求量的标准差、拖后时间、缺货费用等。可以看出,对 A 类物品,要通过各种科学的管理手段尽量保证各种物品的供应,同时最大限度地减少存储费用。

2)B 类的存储管理

B 类的存储管理介于 A 类与 C 类的之间。例如,B 类检测重要参数的频率就低于 A 类的而高于 C 类的。B 类存储管理的具体做法可根据实际情况决定。

3)C 类的存储管理

C 类是"次要的多数"。一般情况下,预测物品的需求量可以用简单的方法;检测重要参数的频率可以相当低;采用的存储策略也比较简单;可考虑适当增加每次的订货量,减少全年的订购次数等。总之,C 类的存储管理与 A 类的不是同一量级的问题。

在按类进行有区别的存储管理时,必不可少地要给各类中的每一种物品制定或简单或复杂的存储策略,这样又回到单一物品的存储问题了,可参考前面介绍的多种经典模型加以处理,此处不再赘述。

本章小结

(1)存储管理的基本要素包含需求率、订货批量、订货间隔期(订货周期)、订货提前期、订货策略等,存储管理的费用包括订货费、存储费、缺货损失费。

(2)一般经济订货批量模型是在生产需要一定时间,允许缺货的情形下推导出的订货批量、最大库存量、最大缺货量、生产周期以及最小存储费用等。其他经济订货批量模型都可以由一般经济订货批量模型推导得到。

(3)具有价格折扣优惠的存储模型优化的是在一定时期内,库存管理费用与货物采购费用之和最小。

(4)ABC 分类法的核心思想是分层次、抓重点,从众多研究对象中识别出"关键的少数"与"次要的多数",以进行有区别、高效率的管理。

思考与练习

1. 判断如下说法是否正确。

(1)订货费为每订一次货发生的费用,它同每次订货的数量无关。

(2)在同一存储模型中,可能既发生存储费用,又发生缺货费用。

(3)在订货数量超过一定值允许价格折扣的情况下,打折条件下的订货批量总是要大于不打折时的订货批量。

(4)在其他费用不变的条件下,随着单位存储费用的增加,最优订货批量也将相应增大。

(5)在不允许缺货的情况下,边生产边供应的存储模型的经济订货批量比瞬时供应的存储模型的要小。

(6) 在经济订货批量模型中,允许缺货、边供应边需求订货策略的总成本最低。

(7) 在允许发生短缺的存储模型中,订货批量的确定应使由于存储量减少带来的节约能抵消缺货时造成的损失。

(8) 存储成本和订货成本同时增加 $i\%$,则总成本也增加 $i\%$。

2. 若某种产品装配时需一种外购件,已知年需求为 10000 件、单价为 100 元,又已知每组织一次订货需 2000 元、每件每年的存储费用为外购件价值的 20%,试求经济订货批量 Q 及每年最少的存储加订购总费用(设订货提前期为零)。

3. 某厂每月需购进某种零件 2000 件,每件 150 元。已知:每件的年存储费为成本的 16%,每组织一次订货需 1000 元,订货提前期为零。

(1) 求经济订货批量及最小费用。

(2) 如果该种零件允许缺货,每短缺一件的损失费用为 5 元/(件·年),求经济订货批量、最小库存费用及最大缺货量。

4. 某电器零售商店预期年电器销售量为 360 件,且全年(按 360 天计)基本均衡。若该商店组织一次进货需订购费 50 元,存储费为每年每件 13.75 元,则当供应短缺时,每短缺一件的机会损失为 25 元。求:

(1) 已知订货提前期为零,求经济订货批量 Q 和最大允许的短缺数量 S_2。

(2) 若每订一批货,所订电器将从订货之日起,按每天 10 件的速率到达,试求经济订货批量以及最小库存管理费用。

5. 每月需要某种机械零件 2000 件,每件成本 150 元,每年的存储费用为成本的 16%,每次的订购费用为 100 元,允许缺货,每件缺货费为每月 20 元,求经济订货批量、最大缺货量、最小库存管理费用以及生产周期。

6. 某商店生产某种产品供应销售,每月生产 100 件,每月销售 60 件,存储费用为每月每件 0.2 元,装配费用为 70 元,缺货损失费为每月每件 2 元。求最佳生产批量、最大缺货量、最高存储量、最小库存管理费用以及生产周期。

7. 一个允许缺货的 EOQ 模型的费用不会超过一个具有相同存储、订购费但不允许缺货的 EOQ 模型的费用,试说明之。

8. 设某单位每年需零件 A 5000 件,每次订货费用为 49 元。已知该种零件每件购入价为 10 元,每件每年存储费为购入价的 20%。又知当订购批量较大时,可享受折扣优惠,折扣如表 8-6 所示,试确定零件 A 的经济订购批量。

表 8-6 某零件的价格折扣

订购批量	折扣
0~999	100%
1000~2499	97%
≥2500	95%

9. 超级市场打算购进一批家用电器。已知该家用电器单价为 500 元,每次订购费为 1000 元,年保管费为单价的 4%,若超级市场凭以往销售经验判断该家用电器的年需求量为 3000 件,家用电器的供应商提供下列价格折扣,超级市场又该如何订货?

$$K(Q) = \begin{cases} 500 & (0,600] \\ 490 & (600,1200) \\ 480 & 1200 \text{ 及以上} \end{cases}$$

10. 银天集团对集团的仓库进行了每月一次的大盘点,盘点数据如表 8-7 所示。

表 8-7　银天集团仓库盘点结果

序号	商品编码	库存金额/元
1	644723	98
2	170336	989
3	113781	727
4	163060	625
5	118631	418
6	823361	315
7	185458	15201
8	948630	5231
9	880785	3309
10	929062	2154

作为银天集团的企业负责人,请你试着用 ABC 分析法分析集团内部的各种商品,并讲出你对不同类别的商品的不同处理方法。(A 类占库存金额的 70%～80%,B 类占库存金额的 10%～20%,C 类占库存金额的 10%)

案例分析

C 超市库存管理优化研究[14]

C 超市是一家综合性超市,该超市发展时间长、资金力量雄厚,对当地市场影响大,当地居民的衣食住行都离不开该超市,尤其是生活必需品的采购,如瓜果蔬菜、牛奶饮料、日用品等商品的购买。如果想让顾客在该超市选购商品时每次都能购买到新鲜满意的商品,该超市就要拥有足够低的缺货率。但调查发现,一方面,该超市经常发生缺货现象,原因是该超市商品种类多,缺乏对商品的分类管理;另一方面,该超市存在部分商品周转速率不足的情况。针对该超市出现的问题,需要对该超市的商品进行分类管理。

这次调研选取的是 2020 年 C 超市的销售数据。因为 C 超市的商品品种比较多,为降低工作难度,首先对该超市的商品进行分类。该超市商品分类包括高端酒品类、奶制品类、生鲜类、日用品类商品。高端酒品类主要是高档的红酒、白酒等,共 4000 多种;奶制品类主要是酸奶、纯牛奶等,共 3600 多种;日用品类主要是床单、毛巾、水杯等,共 21840 多种;生鲜类主要是鱼类、蔬菜、瓜果等,共 6000 多种。其次,按照传统的 ABC 分类法把这几大类商品分为 A、B、C 三个层次。再次,把传统 ABC 分类法分类结果结合每类商品销售额具体数据进行再次分类,得出改进 ABC 分类法的分类结果。最后,在改进 ABC 分类结果上进行商品的二次分类,在各类商品分类的基础上,得出进一步细化的分类结果,提出每种商品的管理方案。

整理所收集的数据。由于商品品种过多,不能把全部商品按年需求量价值大小进行排序,所以按照类别进行价值大小排序,计算出每类商品的年累计价值额和累计百分比。编制库存物资类别表,如表8-8所示。

表 8-8 库存物资类别表

商品种类	商品数量	商品数量比/(%)	商品价值/万元	商品价值比/(%)
高端酒品类	4000	11.3	1190	59.4
奶制品类	3600	10.2	385	19.2
生鲜类	6000	16.9	260	13.0
日用品类	21840	61.6	169	8.4
总数	35440	100	2004	100

利用传统的 ABC 法进行商品分类,将产品品种数小,但总金额高的商品设为 A 类,将价值占比在 20% 左右的商品设为 B 类,其余商品设为 C 类。如表8-9所示。

表 8-9 利用 ABC 法进行的该商品分类

商品种类	商品数量	价值/万元	价值比/(%)	数量比/(%)	类别
高端酒品类	4000	1190	59.4	11.3	A
奶制品类	3600	385	19.2	10.2	B
生鲜类	6000	260	13.0	16.9	B
日用品类	21840	169	8.4	61.6	C
总数	35440	2004	100	100	

以上就是利用传统的 ABC 分类法对 C 超市进行的商品分类结果,可以看出按照传统的 ABC 分类法,A 类商品是高端酒品类,这类商品的价值量占总价值量的 59.4%,品种数占总品种数的 11.3%;B 类商品包括奶制品类和生鲜类商品,价值占总价值的 32.2%,品种数占总品种数的 27.1%;日用品类为 C 类商品。很明显看出传统的 ABC 分类法只考虑到商品的价值量和品种数占比的情况,分类依据单一,其他因素并没有被考虑在内。现在结合该超市各商品销售量进行分类,具体步骤如下:

2020 年该超市各类商品的售卖情况统计,如表 8-10 所示。

表 8-10 C 超市各类商品的售卖情况

序号	商品类别	销售金额/万元	销售额占比/(%)
1	奶制品类	370	38.8
2	生鲜类	234	24.5
3	高端酒品类	200	21.0
4	日用品类	150	15.7
		954	100

结合表 8-9 和表 8-10 可以看出,虽然高端酒品类的价值占比较大,但是销售量并不大,所以高端酒品类商品并不需要重点管理,只需保证日常供应并设置安全库存即可。对比之下,奶制品类和生鲜类商品,虽然按照传统的 ABC 分类法是 B 类商品,但是它们的销售量大,如果不加以重点管理将很容易导致顾客满意度下降,结合各类商品的销售量,运用改进的 ABC 分类法划分,A 类商品是奶制品类和生鲜类商品,B 类商品是高端酒品类,C 类商品是日用品类。

由于传统 ABC 分类法的分类结果过于粗略,考虑到每一类中各种商品的重要性也有所不同,在利用改进的 ABC 分类法分类的基础上,根据商品销售额继续把各类商品划分为 A、B、C 三小类,最终的 ABC 分类表如表 8-11 所示。

表 8-11　改进 ABC 分类法分类结果

商品分类	商品类别	商品总数	A 小类商品数	B 小类商品数	C 小类商品数
A 类	奶制品类	3600	280	566	2754
	生鲜类	6000	220	420	5360
B 类	高端酒品类	4000	127	245	3628
C 类	日用品类	21840	337	670	20833

C 超市库存管理不到位。造成部分商品缺货现象严重和部分商品周转速率不足的原因,正是由该超市库存管理控制不合理、分类不准确造成的管理不到位。该超市在日常的经营管理中,可以根据上述商品类别,结合商品具体特点进行管理。例如该超市 A 类商品为奶制品类和生鲜类商品,这类商品的特点是保质期短,如果没有在保质期内销售,商品就会变质从而造成机会损失。从库存占用上讲,订货过多会占用企业的仓储成本,这类商品对温度要求高,库存管理技术不到位会使商品变质;相反,如果这类商品订货量少,又会造成缺货现象,经常性缺货就会流失顾客。该超市中这类商品采用定期订货的形式,所以在平时应该对 AA 类(A 类中的 A 小类)、AB 类商品的库存进行重点管理,保证在满足顾客需求的同时将库存量降到最低。根据 B 类和 C 类商品的特点,这类商品保质期长,订货时不用严格计算商品数量,可以根据经验按照固定的周期采购。

结合该案例要求:

(1) 分析传统的 ABC 分类法缺点;

(2) 分析各类商品的库存管理策略。

第九章 →

决策分析

学习导引

现代管理的核心问题是决策,决策是指在现代社会和经济发展进程中针对某些宏观或微观的问题,按照一定的预定目标,采用某些科学理论、方法和手段从所有可供选择的方案中,找出一个最满意的实施方案。决策广泛存在于政府、军事、生产、生活各个领域。在人们的日常生活中,以及国家政府的政治活动中,很多情况下都是要做出决策的,决策的正确与否会给当事人、企业或国家带来收益或者损失。我们该如何决策呢?

学习重点

通过本章学习,重点掌握以下知识要点:

1. 决策的要素以及分类;
2. 不确定型的决策分析;
3. 风险型的决策分析;
4. 贝叶斯决策;
5. 效用决策分析;
6. 层次分析法。

1978 年,诺贝尔经济学奖获得者西蒙(Simon)指出:管理是由一系列决策组成的,决策是管理的核心,管理的首要职能是决策,管理就是决策。若一个企业在生产中发生一次执行错误,可能会给该企业带来几百或者几千元的损失;而新产品试制中的决策错误可能会带来几万或者几百万的损失;在国际市场的一次决策失误可能会造成几亿甚至几十亿的损失。在一切失误中,决策失误是最大的失误,一着不慎,损失巨大。

第一节　决策的基本概念

一、决策要素与决策步骤

先看一个例子,某工厂需要决策购买冬天用于取暖的煤炭数量,如果今年是暖冬则需购买3000 吨煤;如果气候偏冷则需要购买 5000 吨煤;如果气候正常则需购买 4000 吨煤。在本例中,决策者购买煤炭的数量是可以选择的三个策略;而气候的变化则不能由决策者控制,常称之为自然状态,在本例中有三个自然状态。在每一种自然状态下,采取不同的策略就会得出不同的结果。

由以上案例可知,一般的决策问题包含三个基本要素。

(1) 自然状态:指不以人的意志为转移的客观因素。假定共有 n 种可能状态,其集合记为

$$S = \{S_1, S_2, \cdots, S_n\} = \{S_j\}(j = 1, 2, \cdots, n)$$

S 称为自然状态集合(也称状态空间);S 的元素 S_j 称为状态变量。

(2) 策略:指人们根据不同的客观情况,可能做出的主观选择。若所有的策略为 A_1、$A_2 \cdots \cdots A_m$,其集合

$$A = \{A_1, A_2, \cdots, A_m\} = \{A_i\}(i = 1, 2, \cdots, m)$$

A 称为策略集合(也称策略空间)。

(3) 收益值:指当状态处在 S_j 情况下,人们做出 A_i 决策,从而产生的收益值或益损值 u_{ij}。显然,u_{ij} 是 S、A_i 的函数,由各益损值 u_{ij} 构成的矩阵 U,称为收益矩阵。

$$U = (u_{ij})_{m \times n}(i = 1, 2, \cdots, m; j = 1, 2, \cdots, n)$$

常用表格形式来表示自然状态与策略间的对应关系,这样的表称为收益表,也称损益表或决策表,具体形式如表 9-1 所示。

表 9-1　决策问题的收益表

策略	自然状态				
	S_1	S_2	S_3	$\cdots$	S_n
A_1	u_{11}	u_{12}	u_{13}	$\cdots$	u_{1n}
A_2	u_{21}	u_{22}	u_{23}	$\cdots$	u_{2n}
A_3	u_{31}	u_{32}	u_{33}	$\cdots$	u_{3n}
$\vdots$	$\vdots$	$\vdots$	$\vdots$	$\vdots$	$\vdots$
A_n	u_{m1}	u_{m2}	u_{m3}		u_{mn}

上述三个基本要素组成了决策系统,决策系统可以表示为三个基本要素的函数 $D = D(S, A, U)$。

一个完整的决策过程,一般应包括以下几个步骤。

(1) 问题的确定:包括对决策环境的调查,信息的收集以及决策目标的确立。

(2) 方案的设计:分析决策目标,提出实现该目标的有关方案。

(3) 方案优选:应用各种定性定量方法,对方案进行可行性和技术经济方面的比较分析,然后从中找出一个相对满意的方案。

(4) 实施选定的方案并在此过程中对原有方案进行修改调整。

二、决策的基本分类

从不同的角度出发,可以对决策进行不同的分类。

(1) 按决策要解决的问题所涉及范围的大小,可分为宏观决策、中观决策和微观决策。

(2) 根据决策目标的多少,可分为单目标决策和多目标决策。

(3) 根据决策的层次,可分为单级决策和多级决策。

(4) 根据决策人的多少,可分为个人决策和群体决策。

(5) 从管理的层次上,可分为战略决策、战术决策和业务决策。

(6) 从决策问题的结构化程度上,可分为结构化决策和非结构化决策。

(7) 按问题性质和条件以及信息完备程度,可分为确定型决策、风险型决策和不确定型决策。确定型决策是指为达到预定目标选择各种方案时只有一种状态或结果,从决策论的观点来看,线性规划、动态规划、网络规划等都是确定型的决策问题;不确定型决策是指由于决策者对环境一无所知,这时对于同一个决策问题,决策者可以有若干种方案去解决,但执行这些方案会出现哪些状态,缺乏必要的信息资料,决策者只能是根据自己的主观倾向进行分析与决策,不同的决策者可能就会做出不同的抉择,这种情况下的决策主要取决于决策者的经验和素质;风险型决策是指决策者在目标明确的前提下,对客观情况并不完全了解,存在着决策者无法控制的两种或两种以上的自然状态,但对于每种自然状态出现的概率,大体可以估计并可计算出在不同状态下的损益值,风险型决策主要应用于战略决策或非结构化决策,如投资方案决策、产品 R&D 决策等。

166

第二节　不确定型的决策分析

不确定型决策是指决策者对可能出现状态(事件)的概率一无所知。在不确定的情况下,决策者虽然熟知可能会面对的几种自然状态(事件),并且掌握不同策略在各个不同自然状态下所获得的收益值。但决策者不能事先预估或计算出各事件出现的概率。这时决策者只能根据自己的经验进行决策。

例1　设有某工厂以批发方式销售它所生产的产品,每件产品的成本为 40 元,批发价格为每件 45 元。若每天生产的产品当天销售不完,每件要损失 2 元。A 工厂每天的产量可以是 0、100、200、300、400 件,每天的批发销售量,根据市场的需要可能为 0、100、200、300、400 件,则该工厂的决策者应如何考虑每天的生产量,使工厂的收益最高。

该工厂的决策者可以有五种策略 $\{A_i\}$,$i = 1,2,\cdots,5$,即决策者可以从可行策略集合 $\{A_i\}$ 中任选一种策略,以达到他的目标,这就是他的决策问题。经分析,他面临五种自然状态 $\{S_j\}$,$j = 1,2,\cdots,5$,每个策略与事件都可计算出相应的收益值。构造的收益矩阵如表 9-2 所示。

表 9-2　某工厂决策的收益矩阵

产量（策略）	销售量（事件）				
	0	100	200	300	400
0	0	0	0	0	0
100	−200	500	500	500	500
200	−400	300	1000	1000	1000
300	−600	100	800	1500	1500
400	−800	−100	600	1300	2000

在不确定型决策问题中，决策者根据发生事件的收益，有以下几种决策准则：悲观主义决策准则、乐观主义决策准则、折中主义决策准则、等可能性决策准则和最小机会损失决策准则等。

一、悲观主义决策准则（Wald 准则）

悲观主义决策准则属于保守型的决策准则，当决策者面临情况不明，以及决策错误可能造成很大的经济损失时，决策者处理问题比较小心、谨慎。他总是从最坏的结果着想，再从中选择其中最好的。即在对应的损益矩阵中，先从各策略所对应的可能发生事件的结果中选出最小值，将它们列于收益矩阵的最右侧，再从该列中挑出最大的值，其对应的策略即为决策者应选择的最优决策。

这种决策用数学符号表示为

$$\max_i\{\min_j(u_{1j}),\min_j(u_{2j}),\cdots,\min_j(u_{mj})\} \tag{9.1}$$

因此有时也称为最大最小决策准则。运用悲观主义决策准则对以上的例 1 进行决策的结果如表 9-3 所示。

表 9-3　悲观主义决策准则下的决策

项目	销售量（事件）					
	0	100	200	300	400	min
产量（策略） 0	0	0	0	0	0	0
100	−200	500	500	500	500	−200
200	−400	300	1000	1000	1000	−400
300	−600	100	800	1500	1500	−600
400	−800	−100	600	1300	2000	−800
决策	$\max_i\{\min_j\mu_{ij}\}$					0

表 9-3 中对应的最优策略是 $A_1 = 0$，即决策者选择产量为 0 这个方案。这结论似乎有些荒谬，但在实际生活中当碰到一个情况不明而又复杂的决策问题，一旦决策错误又将产生严重不良后果时，决策者往往是采用悲观主义决策准则来考虑问题的。这就是从最坏情况着眼，争取其中最好的结果。

二、乐观主义决策准则

同悲观主义者相反的是乐观主义者，这种人在情况不明时充满了乐观冒险的精神，绝不放弃任何一个获得最好结果的机会，要以争取好中之好的乐观态度来决定他的决策策略。即决策者从各策略所可能面临的各种事件中选出最大,然后在该列中选出最大值。

这种决策用数学符号可表示为

$$\max_i\{\max_j(\mu_{1j}),\max_j(\mu_{2j}),\cdots,\max_j(\mu_{mj})\} \qquad (9.2)$$

因此这种决策准则又叫最大最大准则,运用乐观主义决策准则对例 1 进行决策的结果如表 9-4 所示。

表 9-4 乐观主义决策准则下的决策

项目		销售量(事件)					
		0	100	200	300	400	max
产量 (策略)	0	0	0	0	0	0	0
	100	-200	500	500	500	500	500
	200	-400	300	1000	1000	1000	1000
	300	-600	100	800	1500	1500	1500
	400	-800	-100	600	1300	2000	2000
决策				$\max_i\{\max_j\mu_{ij}\}$			2000

按此标准,例 1 中决策者选择的方案为 $A_5 = 400$。一般来讲,当决策者拥有较大的经济实力,对所面临的决策问题即使失败,对他来说损失也不会很大,但如果成功了,则会获得巨大的经济收益,这种情况下决策者应按乐观主义准则进行决策。

三、折中主义决策准则(Hurwicz 准则)

赫维茨(Hurwicz)认为人们在现实决策中,很少按完全乐观主义标准或者悲观主义标准进行方案抉择,而是提出一种折中的准则,即决策者应根据上述两种决策的加权平均值来排列方案的优劣次序。加权时采用的权数为 $\alpha(0\leqslant\alpha\leqslant1)$,即依据

$$\max_i\{\alpha\max_j(\mu_{ij})+(1-\alpha)\min_j(\mu_{ij})\} \qquad (9.3)$$

选取最优策略,式中 α 称为乐观系数,表示决策者乐观程度的大小。

表 9-5 中计算了例 1 选取 $\alpha = 0.3$ 时决策方案的选择结果。

表 9-5 折中主义决策准则下的决策

方案	$\max_j(\mu_{ij})$	$\min_j(\mu_{ij})$	$\alpha=0.3$
$A_1(0)$	0	0	0
$A_2(100)$	500	-200	10
$A_3(200)$	1000	-400	20
$A_4(300)$	1500	-600	30
$A_5(400)$	2000	-800	40
按 Hurwicz 准则选取的方案			A_5

四、等可能性决策准则(Laplace 准则)

它是 19 世纪的数学家拉普拉斯(Laplace)提出来的,该准则认为当一个人面临着多个自然状态(事件)的集合,且无法估计某个事件发生的概率时,只能认为它们的发生机会是概率相等的,即"一视同仁"。因此决策者赋予每个事件以相同的概率,然后计算出每一个策略的期望

收益值,从这些期望收益值中挑出最大的值,对应的策略即为等可能准则的策略。

这种策略用数学表达式表达即为:

$$\max_i \left\{ \frac{1}{n}\sum_{j=1}^{m} u_{1,j}, \frac{1}{n}\sum_{j=1}^{m} u_{2,j}, \cdots, \frac{1}{n}\sum_{j=1}^{m} u_{m,j} \right\} \tag{9.4}$$

在例 1 中某工厂的决策问题按等可能性决策准则选择时应选择方案 A_4,其计算过程如表 9-6 所示。

表 9-6　等可能决策准则下的决策

项目		销售量(事件)					
		0	100	200	300	400	期望收益
产量（策略）	0	0	0	0	0	0	0
	100	−200	500	500	500	500	360
	200	−400	300	1000	1000	1000	580
	300	−600	100	800	1500	1500	660
	400	−800	−100	600	1300	2000	600
决策		$\max_i \left\{ \frac{1}{n}\sum_{j=1}^{m} \mu_{ij} \right\}$					660

五、最小机会损失决策准则(Savage 准则)

最小机会损失决策准则又叫最小最大遗憾值决策准则或 Savage 准则,它要求找到每一事件的最大收益值,然后用这个最大收益值减去该事件中的每一个策略的收益,得到损失矩阵,然后在损失矩阵中对每一个策略求最大损失,最大损失的最小值即为该决策的策略。

该准则的具体计算步骤与数学公式如下:

(1) 从事件 j 的所在列中找出一个最大的收益值,并用该最大收益值减去每一策略的收益,即得到每一"策略-事件"的机会损失值(当某一事件发生时,决策者没有选用收益最大的策略而遭受的损失);若各策略的收益为 μ_{ij}, $i = 1,2,\cdots,n$,最大收益为 $\mu_{ik} = \max_i(\mu_{ij})$,则相应的机会损失为 $\gamma_{ik} = \{\max_i(\mu_{ij}) - u_{ij}\}$, $i = 1,2,\cdots,n$。

(2) 从各策略所在的行中挑选出最大的机会损失值,形成最大机会损失列,然后在该列中最小机会损失对应的策略即为最优策略。用公式表示即为 $A_k^* = \min_i \max_j \gamma_{ij}$。

例 1 的机会损失矩阵如表 9-7 所示。

表 9-7　最小机会损失准则下的决策

项目		销售量(事件)					
		0	100	200	300	400	最大机会损失
产量（策略）	0	0	500	1000	1500	2000	2000
	100	200	0	500	1000	1500	1500
	200	400	200	0	500	1000	1000
	300	600	400	200	0	500	600
	400	800	600	400	200	0	800
决策		$\min_i \{ \max_j \gamma_{ij} \}$					600

最小机会损失决策准则用于分析产品的废品率时比较方便,因为产品的废品率大小直接与费用损失有关。

第三节　风险决策

风险决策是指虽然决策者对客观环境(事件)不甚了解,但对某一策略的事件发生的概率是已知的。决策者往往通过过去的经验、调查分析等得到这些事件的概率。由于在决策中概率是已知的,一般用期望值作为决策准则,常用的有最大期望收益决策准则和最小机会损失决策准则。

一、最大收益期望(EMV)决策准则

最大收益期望准则(expected monetary value,EMV)就是根据各事件的概率计算出各策略的期望收益值,并从中选择最大的期望值,以它对应的策略为最优选择。该准则适用于一次决策多次进行重复生产的情况,它是平均意义下的最大收益,计算步骤如下:

收益矩阵中各事件发生的概率为 P_j,先计算各策略的期望收益值

$$\sum_j P_j \mu_{ij}, i = 1, 2, \cdots, n$$

然后从这些期望收益中选取最大值,即 $\max_i \sum_j P_j \mu_{ij}$ 就是对应的最优策略。

仍以例1中某工厂的数据进行说明。设销售量为0、100、200、300、400的概率分别为0.1、0.2、0.4、0.2、0.1,工厂决策者采用最大收益期望决策准则时,计算过程和结果如表9-8所示。从该表的最右列看到最大收益期望值 $EMV^* = 730$,对应的最优策略为 A_4。

表 9-8　最大期望收益准则下的决策

项目		事件					期望收益
		S_1	S_2	S_3	S_4	S_5	
		P_j					
		0.1	0.2	0.4	0.2	0.1	
产量(策略)	A_1收益	0	0	0	0	0	0
	收益×概率	0	0	0	0	0	
	A_2收益	−200	500	500	500	500	430
	收益×概率	−20	100	200	100	50	
	A_3收益	−400	300	1000	1000	1000	720
	收益×概率	−40	60	400	200	100	
	A_4收益	−600	100	800	1500	1500	730
	收益×概率	−60	20	320	300	150	
	A_5收益	−800	−100	600	1300	2000	600
	收益×概率	−80	−20	240	260	200	
决策		$\max_i \sum_j P_j \mu_{ij}$					730

二、最小机会损失期望(EOL)决策准则

最小机会损失期望决策准则(expeccted opportunity loss,EOL)就是利用收益矩阵构造一个机会损失矩阵,然后计算采用各种不同策略时的机会损失期望值,并从中选择最小的一个,以它对应的策略作为最优策略。各事件发生的概率为 P_j ,先计算各策略的期望损失值 $\sum_j P_j \gamma_{ij}, i = 1, 2, \cdots, n$,然后从这些期望损失中选取最小值 $\min_i \sum_j P_j \gamma_{ij}$,对应的策略即为最优策略。

例 1 某工厂构造的机会损失矩阵以及根据最小机会损失期望决策准则对这个矩阵进行计算的过程如表 9-9 所示。从该表最右列看出,最小机会损失期望 $EOL^* = 270$,对应的最优策略为 A_3 。

表 9-9 最小机会损失期望准则下的决策

项目		事件					期望损失
		S_1	S_2	S_3	S_4	S_5	
		P_j					
		0.1	0.2	0.4	0.2	0.1	
产量(策略)	A_1 收益	0	500	1000	1500	2000	1000
	收益×概率	0	100	400	300	200	
	A_2 收益	200	0	500	1000	1500	570
	收益×概率	20	0	200	200	150	
	A_3 收益	400	200	0	500	1000	280
	收益×概率	40	40	0	100	100	
	A_4 收益	600	400	200	0	500	270
	收益×概率	60	80	80	0	50	
	A_5 收益	800	600	400	200	0	400
	收益×概率	80	120	160	40	0	
决策		$\min_i \sum_j P_j \gamma_{ij}$					270

用 EMV 和 EOL 准则进行决策,主要针对一次决策后多次重复应用的情况,这样决策者在每次生产、销售活动中有时为得,有时为失,得失相抵后自己的平均收益为最大。这种策略实际上是"以不变应万变",能正确预测每天的需要量,并按测算的数据安排生产,做到"随机应变"。这样,决策者就须花费一定费用进行调查预测。究竟花多少费用进行调查预测才算合理呢?这就需要研究信息的价值。

三、信息的价值

若工厂的决策者通过预测调查,能确切了解到每天的需求量,并依此安排每天的生产量,得到的收益的期望值要比不进行调查预测时高,则这时的收益值称为具有完美信息的收益期望值(expected profit of perfect information,EPPI)。

以例 1 某工厂数据计算的情况如表 9-10 所示。

表 9-10   完美信息的期望收益

事件	S_1	S_2	S_3	S_4	S_5	EPPI
	0	100	200	300	400	
概率 P_j	0.1	0.2	0.4	0.2	0.1	
完美信息时的最优策略	A_1	A_2	A_3	A_4	A_5	
	0	100	200	300	400	
完美信息时的收入 μ_j	0	500	1000	1500	2000	
$\sum P_j\mu_j$	0	100	400	300	200	1000

从表 9-10 可以看出,具有完美信息时,该工厂的收入可提高到 1000 元,而从表 9-8 中得到在无信息时的最大收益期望值为 730 元。

$$\text{EVPI} = \text{EPPI} - \text{EMV}^* = 1000 - 730 = 270$$

称 EVPI(expected value of perfect information)为完美信息的价值。因为要进行调查预测必然要花一定费用,这笔费用的值最大极限是不超过 EVPI 的。若调查预测费用超过 EVPI,就有 $\text{EVPI} + \text{EMV}^* > \text{EPPI}$,说明进行调查预测已经失去了实际的经济意义。

第四节   贝叶斯决策

从前面的章节可知,在风险决策中,对自然状态 S_j 的概率分布 $P(S_j)$ 所作估计的精确性,直接影响到决策的收益期望值,称概率分布 $P(S_j)(j = 1, 2, \cdots, n)$ 为先验概率。由于许多决策问题的先验信息不够丰富,概率分布又往往只能凭决策者所获得的信息进行估计,因此,设定的先验概率很难准确地反映客观真实情况。如果需要得到更精确的决策结果,就必须通过抽样调查、专家估计等各种方法收集新信息,以此来修正先验概率。修正后的后验概率比先验概率可靠,可作为决策者进行决策分析的依据。将先验信息修改为后验信息需要利用贝叶斯公式。

1. 贝叶斯公式

1) 全概率公式

设事件组 $A_1, A_2, \cdots, A_n$ 满足下列条件:①事件 A_i、$A_j (i \neq j)$ 两两互不相容;② $\bigcup\limits_{i=1}^{n} A_i = \Omega$;$P(A_i) > 0 (i = 1, 2, \cdots, n)$,则对任一事件 B,皆有

$$P(B) = \sum_{i=1}^{n} P(A_i)P(B \mid A_i)$$

其中,条件概率 $P(B \mid A_i)$ 的含义是指在事件 A_i 已经发生的条件下,事件 B 发生的概率。

2) 逆概公式

设事件组 $A_1, A_2, \cdots, A_n$ 是 Ω 的一个分割,对任一事件 $B(P(B) > 0)$,有

$$P(A_i \mid B) = \frac{P(A_i)P(B \mid A_i)}{\sum\limits_{i=1}^{n} P(A_i)P(B \mid A_i)} (i = 1, 2, \cdots, n)$$

2. 后验概率的计算

设先验概率为 $P(S)$，$P(\theta)$ 是获得新的补充信息的概率，θ 表示 S 的补充信息，则有

$$P(S \mid \theta) = \frac{P(S\theta)}{P(\theta)} = \frac{P(S)P(\theta \mid S)}{P(\theta)}$$

其中，$P(S \mid \theta)$ 表示在 θ 发生的条件下，S 发生的概率，这一概率就是后验概率。

例 2　某钻探大队在某地区进行石油勘探，主观估计该地区有油的概率为 $P(O) = 0.5$；无油的概率为 $P(D) = 0.5$。为了提高钻探的效果，先做地质试验。根据积累的资料得知：凡有油地区，做试验结果有油的概率为 $P(F \mid O) = 0.9$；做试验结果无油的概率为 $P(U \mid O) = 0.1$。凡无油地区，做试验结果有油的概率为 $P(F \mid D) = 0.2$；做试验结果无油的概率为 $P(U \mid D) = 0.8$。问该地区做试验后，有油与无油的概率各是多少？

解　先利用全概公式计算地质试验有油与无油的概率。

做地质试验结果有油的概率

$$P(F) = P(O)P(F \mid O) + P(D)P(F \mid D) = 0.5 \times 0.9 + 0.5 \times 0.2 = 0.55$$

做地质试验结果无油的概率

$$P(U) = P(O)P(U \mid O) + P(D)P(U \mid D) = 0.5 \times 0.1 + 0.5 \times 0.8 = 0.45$$

利用逆概公式计算各事件的后验概率。

做地质试验结果有油的条件下有油的概率

$$P(O \mid F) = \frac{P(O)P(F \mid O)}{P(F)} = \frac{0.5 \times 0.9}{0.55} = \frac{9}{11}$$

做地质试验结果有油的条件下无油的概率

$$P(D \mid F) = \frac{P(D)P(F \mid D)}{P(F)} = \frac{0.5 \times 0.2}{0.55} = \frac{2}{11}$$

做地质试验结果无油的条件下有油的概率

$$P(O \mid U) = \frac{P(O)P(U \mid O)}{P(U)} = \frac{0.5 \times 0.1}{0.45} = \frac{1}{9}$$

做地质试验结果无油的条件下无油的概率

$$P(D \mid U) = \frac{P(D)P(U \mid D)}{P(U)} = \frac{0.5 \times 0.8}{0.45} = \frac{8}{9}$$

进行贝叶斯决策时，先根据过去的经验确定未来状态发生的先验概率估计，然后根据反映补充信息可靠性的以往统计资料，计算出各状态的后验概率，并以此为根据做后验决策；最后做出是否需要采集补充信息的决策。下面通过例子说明这种决策方法。

例 3　某厂对一台机器的换代问题做决策，有三种方案：A_1 为买一台新机器；A_2 为对老机器进行改建；A_3 是维护加强。输入不同质量的原料时，三种方案的收益情况如表 9-11 所示。约有 30% 的原料是质量好的，还可以花 600 元对原料的质量进行测试，这种测试的可靠性如表 9-12 所示。求最优方案。

表 9-11　三种方案的收益　　　　　　　　　　　　　　　　　　　（单位：万元）

原料质量 S_i	购新机 A_1	改建老机器 A_2	维护老积器 A_3
S_1 好	3	1	0.8
S_2 差	−1.5	0.5	0.6

表 9-12 测试的可靠性

$P(\theta \mid S)$		原材料的实际质量	
		S_1 好	S_2 差
测试结果	θ_1 好	0.8	0.3
	θ_2 差	0.2	0.7

解:若不做测试,各方案的先验收益为

$$E(A_1) = 3 \times 0.3 + (-1.5) \times 0.7 = -0.15$$
$$E(A_2) = 1 \times 0.3 + 0.5 \times 0.7 = 0.65$$
$$E(A_3) = 0.8 \times 0.3 + 0.6 \times 0.7 = 0.66$$

根据期望收益最大原则,应选择方案 3,维护老机器。

如果计算后验概率,则会出现以下情况:

测试结果原料质量好的概率

$$P(\theta_1) = P(S_1)P(\theta_1 \mid S_1) + P(S_2)P(\theta_1 \mid S_2) = 0.3 \times 0.8 + 0.7 \times 0.3 = 0.45$$

测试结果原料质量差的概率

$$P(\theta_2) = P(S_1)P(\theta_2 \mid S_1) + P(S_2)P(\theta_2 \mid S_2) = 0.3 \times 0.2 + 0.7 \times 0.7 = 0.55$$

测试结果原料质量好而原料实际质量也好的概率

$$P(S_1 \mid \theta_1) = \frac{P(S_1)P(\theta_1 \mid S_1)}{P(\theta_1)} = \frac{0.3 \times 0.8}{0.45} = 0.533$$

测试结果原料质量好而原料实际质量差的概率

$$P(S_2 \mid \theta_1) = \frac{P(S_2)P(\theta_1 \mid S_2)}{P(\theta_1)} = \frac{0.7 \times 0.3}{0.45} = 0.467$$

测试结果原料质量差而原料实际质量好的概率

$$P(S_1 \mid \theta_2) = \frac{P(S_1)P(\theta_2 \mid S_1)}{P(\theta_2)} = \frac{0.3 \times 0.2}{0.55} = 0.109$$

测试结果原料质量差而原料实际质量也差的概率

$$P(S_2 \mid \theta_2) = \frac{P(S_2)P(\theta_2 \mid S_2)}{P(\theta_2)} = \frac{0.7 \times 0.7}{0.55} = 0.891$$

用后验概率代替先验概率,当测试结果原料质量好时,各方案的期望收益为

$$E(A_1) = 3 \times 0.533 + (-1.5) \times 0.467 = 0.8985$$
$$E(A_2) = 1 \times 0.533 + 0.5 \times 0.467 = 0.7665$$
$$E(A_3) = 0.8 \times 0.533 + 0.6 \times 0.467 = 0.7066$$

当测试结果原料质量差时,各方案的期望收益为

$$E(A_1) = 3 \times 0.109 + (-1.5) \times 0.891 = -1.0095$$
$$E(A_2) = 1 \times 0.109 + 0.5 \times 0.891 = 0.5545$$
$$E(A_3) = 0.8 \times 0.109 + 0.6 \times 0.891 = 0.6218$$

根据期望收益最大原则,若测试结果原料质量好,则购买新机器;若测试结果原料质量差,则维护老机器。

根据测试结果进行决策的期望收益为

$$0.45 \times 0.8985 + 0.55 \times 0.6218 = 0.747$$

不做测试的最优收益为 0.66 万元,测试后可增加期望收益,也就是测试实际信息价值为 $0.747 - 0.66 = 0.087$ 万元,大于测试费用 0.06 万元,故应进行原料质量测试。

最终决策应为花 600 元进行测试，测试后若原料质量好，则购买新机器；若原料质量差，则维护老机器。

第五节　效用理论在决策分析中的应用

一、效用值决策准则

效用概念首先是由贝努里(Bernoulli)提出来的。他认为人们赋予钱财的真实价值与他的钱财拥有量之间有对数关系。如图 9-1 所示的就是贝努里的货币效用函数。经济管理学家将效用作为指标，用它来衡量人们对某些事物的主观价值、态度、偏爱、倾向等。

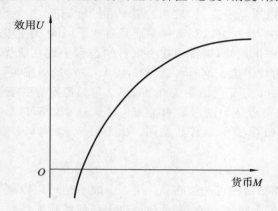

图 9-1　贝努里的货币效用函数曲线

在风险情况下进行决策，决策者对风险的态度往往存在很大的差异。例如，某投资公司在某个投资问题上有两种投资策略：A_1 为开辟新的投资领域；A_2 为维持原投资领域。A_1 成功的概率为 0.7，成功可获 500 万元，失败将损失 300 万元；A_2 成功的概率为 1，可获 50 万元。于是

$$E(A_1) = 500 \times 0.7 + (-300) \times 0.3 = 260(万元)$$
$$E(A_2) = 50 \times 1 = 50(万元)$$

若用期望收益最大准则，则应选择 A_1 为决策方案。但在风险情况下，由于这是一次性的利害关系重大的决策，于是有的决策者敢于冒风险选择策略 A_1；有的决策者可能会不愿冒着损失 300 万元的风险，而情愿选择策略 A_2，稳定获得 50 万元。这就说明不同的决策者对待风险的态度会有差异。每个决策者都有他自己的评价标准，如果决策准则不能反映决策者的评价标准，那么这样的决策方法就很难被决策者接受。

用效用这一指标来量化决策者对待风险的态度，可以给每个决策者测定他对待风险的态度的效用函数曲线。效用值是一个相对的指标。一般来说，在 [0,1] 区间取值，凡是决策者最看好、最倾向、最愿意的事物的效用值可取 1；而最不喜欢、最不倾向、最不愿意的事物的效用值取 0。为此，在对某个问题提供决策时，可以通过与决策者进行对话，来确定效用函数曲线。此效用函数应能在一定程度上反映决策者在决策问题上的决策偏向和评价标准。于是，当利用这种效用函数作决策时，就称依据的原则为效用值准则。

二、效用函数曲线

如何通过与决策者对话建立相应的效用函数呢？一般以具体的决策事件中决策者可能的最大损失值 a 作为效用值 0，可能获得的最大利益值 b 作为效用值 1，以收益 x 为自变量，$[a,b]$ 上的效用函数设为 $u(x)$，并有 $u(a)=0,u(b)=1$。对于 $x\in[a,b]$，$u(x)$ 称为 x 的效用值，$u(x)\in[0,1]$。例如，在上面这个问题中最大收益为 500 万元，最小收益为 -300 万元，这时就规定 $u(x)$ 定义在 $[-300,500]$ 上，而且 500 万元的效用值为 1，即 $u(500)=1$；-300 万元的效用值为 0，即 $u(-300)=0$。下面来思考，对于 $x=50\in[-300,500]$，$u(50)$ 如何确定？为此采用对比提问法。

若决策者宁愿采用稳得 50 万元的策略，而不愿采用收益期望值为 260 万元的策略，这说明在决策者心目中，稳得 50 万元的策略 A_2 的效用值比策略 A_1 的效用值要大。为了确定收益为 50 万元的效用值，可以适当提高 A_1 成功的概率并继续询问：如果现在获利 500 万元的概率为 0.8，损失 300 万元的概率为 0.2，那么你是愿意冒一下风险，还是仍然宁可稳拿 50 万元呢？如果决策者这时愿意冒一下风险，则说明在决策者的心目中现在所提出的假想方案的效用值大于稳得 50 万元方案的效用值。这时再适当减少 A_1 成功的概率再问：如果现在获利 500 万元的概率为 0.75，损失 300 万元的概率为 0.25，那么你是愿意冒一下风险，还是仍然宁可稳拿 50 万元呢？如果这时决策者认为这两者对他来说都无所谓，都可以，则说明在决策者的心目中这两个方案的效用值相等，那么就停止询问。由于已知 $u(-300)=0,u(500)=1$，就可以确定 50 万元的效用值

$$u(50)=1\times0.75+0\times0.25=0.75$$

一般地，设决策者面临两种可选策略 A_1、A_2。A_1 表示他可以以概率 P 得到一笔金额 x_1，或以 $1-P$ 概率损失一笔金额 x_3；A_2 表示他可以无任何风险地得到一笔金额 x_2；且 $x_1>x_2>x_3$，设 $u(x_i)$ 表示金额 x_i 的效用值，若在某条件下，决策者认为 A_1、A_2 两方案等价，可表示为

$$P_u(x_1)+(1-P)u(x_3)=u(x_2)$$

确切地讲，决策者认为 x_2 的效用值等价于 x_1 和 x_3 的效用期望值。上式中有 x_1、x_2、x_3 和 P 共 4 个变量，当其中任意 3 个已知时，向决策者提问第 4 个变量应如何取值，并请决策者做出主观判断，判断第 4 个变量应取的值是多少。提问的方式大致有三种。

(1) 每次固定 x_1、x_2、x_3 的值，改变 P，问决策者：P 取何值时，认为 A_1 与 A_2 等价。

(2) 每次固定 P、x_1、x_3 的值，改变 x_2，问决策者：x_2 取何值时，认为 A_1 与 A_2 等价。

(3) 每次固定 P、x_2、x_1（或 x_3）的值，改变 x_3（或 x_1），问决策者：x_3（或 x_1）取何值时，认为 A_1 与 A_2 等价。

若已确定 $x_1,x_2,\cdots,x_n$ 对应的效用值为 $u(x_1),u(x_2),\cdots,u(x_n)$，那么就可以用一条光滑的曲线把这些点 $(x_i,u(x_i))(i=1,2,\cdots,n)$ 连接起来，这就是效用函数曲线，如图 9-2 所示。

不同的决策者对待风险的态度有所不同，因此会得到形状不同的效用函数曲线。一般有保守型（避险型）、冒进型（进取型）和中间型（无关型）三种类型。其对应的曲线如图 9-3 所示。

1) 保守型

其对应的曲线为如图 9-3 所示的曲线 L_1，这是一条向上凸起的曲线，它的特点是：当收益值较小时，效用值增加较快；而随着收益值的增大，效用值增加的速度越来越慢。它反映出相应的决策者厌恶风险、谨慎行事的特点，这是一个避免承担风险的决策者。

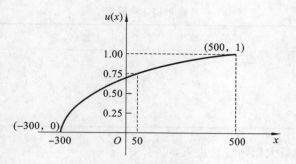

图 9-2　效用函数曲线

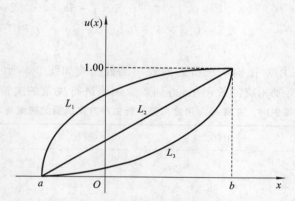

图 9-3　保守型、冒进型和中间型决策者对应的效用函数曲线

2）冒险型

其对应的曲线为如图 9-3 所示的曲线 L_3，这是一条向下凸起的曲线，它的特点是：当收益值较小时，效用值增加较为缓慢；而随着收益值的增大，效用值增加的速度越来越快。它反映出相应的决策者喜欢冒险、锐意进取的特点。

3）中间型

其对应的曲线为如图 9-3 所示的曲线 L_2，这是一条直线，它的特点是：收益值与效用值成正比例上升。它反映出相应的决策者是一位严格按照期望最大准则行事的循规蹈矩的决策者。

这是三种典型的效用函数类型。某一决策者效用函数曲线可能兼有三种类型，当收益变化时，决策者对待风险的态度也会改变。例如，有的人开始时对较小的收益不太有兴趣，但随着收益的增加，吸引力就会逐步增大，从而引起他对风险态度的变化，向冒险型转化。可是，当实现某一目标后，他的要求得到一定满足，就可能变得不愿承担风险了。然而，当收益的继续增加使他渴望实现一个更高的目标时，他又可能不顾冒更大的风险去争取，如此等等。

三、用效用值进行决策分析

下面用一个简单的例子来说明效用值在决策中的应用。

例 4　某决策人面临着大、中、小批量三种生产方案的选择问题。该产品投放市场可能有三种情况：畅销、一般、滞销。根据以前同类产品在市场上的销售情况，畅销的可能性是 0.2，一般为 0.3，滞销的可能性为 0.5，试问应该如何进行决策。

其决策表如表 9-13 所示。

表 9-13　决策表 　　　　　　　　　　　　　　　　　　（单位：万元）

生产方案	畅销(0.2)	一般(0.3)	滞销(0.5)
大批量 A_1	20	0	-10
中批量 A_2	8.25	2	-5
小批量 A_3	5	1	-1

解：按期望收益的最大原则进行决策，可得

$$E(A_1) = 0.2 \times 20 + 0.3 \times 0 + 0.5 \times (-10) = -1(万元)$$
$$E(A_2) = 0.2 \times 8.25 + 0.3 \times 2 + 0.5 \times (-5) = -0.25(万元)$$
$$E(A_3) = 0.2 \times 5 + 0.3 \times 1 + 0.5 \times (-1) = 0.8(万元)$$

应进行小批量生产。

假定对该决策人采用对比提问法得到的效用函数曲线如图 9-3 所示的曲线 L_1。将其决策表 9-13 中的货币量换成相应的效用值，得到以效用值进行决策的决策表，如表 9-14 所示。

表 9-14　决策人 A 用效用值进行生产方案决策的决策表

生产方案	畅销(0.2)	一般(0.3)	滞销(0.5)
大批量 A_1	1	0.5	0
中批量 A_2	0.75	0.57	0.3
小批量 A_3	0.66	0.54	0.46

这时，

$$E(A_1) = 0.2 \times 1 + 0.3 \times 0.5 + 0.5 \times 0 = 0.35$$
$$E(A_2) = 0.2 \times 0.75 + 0.3 \times 0.57 + 0.5 \times 0.3 = 0.471$$
$$E(A_3) = 0.2 \times 0.66 + 0.3 \times 0.54 + 0.5 \times 0.46 = 0.524$$

应采取小批量生产。这说明决策人 A 是小心谨慎的，是个保守型的决策人。

假定对该决策人采用对比提问法得到的效用函数曲线如图 9-3 所示的曲线 L_3。将其决策表 9-13 中的货币量换成相应的效用值，得到以效用值进行决策的决策表，如表 9-15 所示。

表 9-15　决策人 B 用效用值进行生产方案决策的决策表

生产方案	畅销(0.2)	一般(0.3)	滞销(0.5)
大批量 A_1	1	0.175	0
中批量 A_2	0.46	0.23	0.08
小批量 A_3	0.325	0.2	0.15

这时，

$$E(A_1) = 0.2 \times 1 + 0.3 \times 0.175 + 0.5 \times 0 = 0.2525$$
$$E(A_2) = 0.2 \times 0.46 + 0.3 \times 0.23 + 0.5 \times 0.08 = 0.201$$
$$E(A_3) = 0.2 \times 0.325 + 0.3 \times 0.2 + 0.5 \times 0.15 = 0.2$$

对决策人 B 来说，应选择大批量生产。很显然，这是一个敢冒风险的决策人。

第六节　层次分析法

层次分析法(analytical hierarchy process，AHP)是由美国运筹学家萨蒂(Satty)于 20 世纪 70 年代提出的,它特别适用于分析解决一些结构比较复杂、难于量化的多目标(多准则)决策问题中因素的权重确定和方案排序等,目前得到较多应用。下面结合例子介绍此方法的原理和应用。

例5　连锁超市某商品需要选择供应商,考虑的主要因素有:价格、交货是否及时、外观设计、品牌等。经过调查分析,初步选择了甲、乙、丙三个供应商,情况如表 9-16 所示。

表 9-16　供应商各因素比较

因素	甲	乙	丙
价格	30	45	38
交货	一般	较快	快速
外观设计	优良	较好	一般
品牌	流行	一般	知名

试用 AHP 方法帮助连锁超市选择一个尽可能满意的供应商。

解:用 AHP 方法研究解决问题的步骤为:

第一步,构建层次分析模型。该模型顶层为目标层,中间为准则层(根据问题复杂程度,每项还可细分为若干子准则),最下层为方案层。本例的层次分析模型如图 9-4 所示。

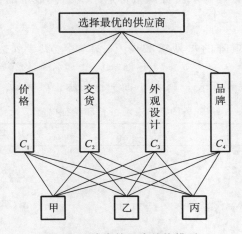

图 9-4　购房的层次结构模型

第二步,求本层次要素相对于上一层次要素的权重。方法是将本层次的要素 A_i 和 $A_j (i,j = 1,2,\cdots,n)$ 相对于上一层次要素 $C_k (k = 1,2,\cdots,m)$ 按重要程度进行两两比较,得到判断矩阵 $(a_{ij})_{n\times n}$。Satty 给出了要素两两比较时,确定 a_{ij} 值的 9 级标度(见表 9-17)。

表 9-17　9 级对比的含义

a_{ij}	定义	a_{ij}	定义
1	A_i 和 A_j 同等重要	6	介于明显与十分明显重要之间
2	介于同等与略微重要之间	7	A_i 较 A_j 十分明显重要
3	A_i 较 A_j 略微重要	8	介于十分明显与绝对重要之间
4	介于略微与明显重要之间	9	A_i 较 A_j 绝对重要
5	A_i 较 A_j 明显重要		

本例中将甲、乙、丙三个供应商在价格因素（C_1）方面进行比较时，a_{ij} 值如表 9-18 所示。注意表中主对角线数字 $a_{ii} = 1$，且有 $a_{ji} = \dfrac{1}{a_{ij}}$。

表 9-18　求 a_{ij} 值

供应商	甲	乙	丙
甲	1	7	2
乙	$\dfrac{1}{7}$	1	$\dfrac{1}{5}$
丙	$\dfrac{1}{2}$	5	1
合计	$\dfrac{23}{14}$	13	$\dfrac{16}{5}$

第三步，求判断矩阵的特征向量 $(w_1, w_2, \cdots, w_n)^{\mathrm{T}}$，该向量是要素 $A_1, A_2, \cdots, A_n$ 相应于上层要素 c_k 的重要程度的排序。求特征向量可运用线性代数中的方法，但一般应使用下面的近似算法（和法或根法）进行运算。

（1）和法。先对判断矩阵的每列求和得 $\displaystyle\sum_{i=1}^{m} a_{ij}$，令 $b_{ij} = a_{ij} / \displaystyle\sum_{i=1}^{m} a_{ij}$，并计算得到 $w_i = \displaystyle\sum_{j=1}^{n} b_{ij} / n$。本例中各列数字和如表 9-18 最下面一行所示，b_{ij} 和 w_i 数值如表 9-19 所示。

表 9-19　和法求 b_{ij} 值和特征向量

供应商	甲	乙	丙	w_i
甲	$\dfrac{14}{23}$	$\dfrac{7}{13}$	$\dfrac{5}{8}$	0.591
乙	$\dfrac{2}{23}$	$\dfrac{1}{13}$	$\dfrac{1}{16}$	0.075
丙	$\dfrac{7}{23}$	$\dfrac{5}{13}$	$\dfrac{5}{16}$	0.334

（2）根法。先计算 $\overline{w} = \left(\displaystyle\prod_{j=1}^{n} a_{ij} \right)^{1/n}$，再进行归一化处理得

$$w_i = \frac{\overline{w}}{\displaystyle\sum_{i=1}^{n} \overline{w_i}}, \quad \boldsymbol{W} = (w_1, w_2, \cdots, w_n)^{\mathrm{T}}$$

第四步，计算最大特征值 $\lambda_{\max}$，对判断矩阵进行一致性检验。上述计算得到的 w_i 能否作

为下层要素对上层某一要素排序的依据呢？这就需要检验判断矩阵中的 a_{ij} 的值之间是否具有一致性，即 $\forall i,j = 1,2,\cdots,n$ 时，有 $a_{ij} = a_{ik}/a_{kj}(k = 1,2,\cdots,n)$。其原理为 w_i 标志第 i 个要素的重要程度，当判断矩阵具有一致性时，$a_{ij} = w_i / w_j$，因而判断矩阵可写为

$$A = (a_{ij})_{n \times n} = \begin{bmatrix} w_1/w_1 & w_1/w_2 & \cdots & w_1/w_n \\ w_2/w_1 & w_2/w_2 & \cdots & w_2/w_n \\ \vdots & \vdots & & \vdots \\ w_n/w_1 & w_n/w_2 & \cdots & w_n/w_n \end{bmatrix}$$

$$AW = A \begin{bmatrix} w_1 \\ w_2 \\ \vdots \\ w_n \end{bmatrix} = n \begin{bmatrix} w_1 \\ w_2 \\ \vdots \\ w_n \end{bmatrix} = nW$$

这里 n 为特征值。当判断矩阵完全一致时有 $\lambda_{\max} = n$，而当判断矩阵在一致性上存在误差时有 $\lambda_{\max} > n$，误差越大，$\lambda_{\max}$ 与 n 的差值就越大。其中

$$\lambda_{\max} = \frac{1}{n} \sum_{i=1}^{n} \frac{\sum_{j=1}^{n} a_{ij} w_j}{w_i} \tag{9.5}$$

层次分析法中用一次性指标 CI(consistency index)作为检验判断矩阵一致性的依据，其计算方法为

$$CI = \frac{\lambda_{\max} - n}{n - 1} \tag{9.6}$$

因判断矩阵的阶数 n 越大时，一致性越差，为消除阶数对一致性检验的影响，引进修正系数 RI(random index)，并最终用一致性比例 CR(consistency radio)作为判断矩阵是否具有一致性的检验标准。其中

$$CR = \frac{CI}{RI} \tag{9.7}$$

当计算得到的 CR 值小于 0.1 时，认为判断矩阵具有一致性。RI 值随矩阵阶数 n 变化(见表 9-20)。

表 9-20　RI 值

矩阵阶数 n	3	4	5	6	7	8	9	10	11	12
RI 值	0.52	0.89	1.12	1.26	1.36	1.41	1.46	1.49	1.52	1.54

本例中有

$$AW = \begin{bmatrix} 1 & 7 & 2 \\ \dfrac{1}{7} & 1 & \dfrac{1}{5} \\ \dfrac{1}{2} & 5 & 1 \end{bmatrix} \begin{bmatrix} 0.591 \\ 0.075 \\ 0.334 \end{bmatrix} = \begin{bmatrix} 1.784 \\ 0.226 \\ 1.005 \end{bmatrix}$$

由式(9.5)、式(9.6)以及式(9.7)得

$$\lambda_{\max} = \frac{1}{3} \left(\frac{1.784}{0.591} + \frac{0.226}{0.075} + \frac{1.005}{0.334} \right) = 3.014$$

$$CI = \frac{3.014 - 3}{3 - 1} = 0.007$$

$$CR = \frac{0.007}{0.52} = 0.013 < 0.1$$

由此可知表 9-18 所列判断矩阵通过一致性检验,由该判断矩阵计算得到的权重向量 $\boldsymbol{W} =$ $(0.591, 0.075, 0.334)^T$ 可作为甲、乙、丙三个供应商在价格因素方面的重要度比较。

用相同的方法可列出甲、乙、丙三个供应商在其他三个因素方面的判断矩阵:

$$
\begin{matrix}
C_2 & C_3 & C_4 \\
\begin{bmatrix} 1 & \frac{1}{3} & \frac{1}{5} \\ 3 & 1 & \frac{1}{3} \\ 5 & 3 & 1 \end{bmatrix} &
\begin{bmatrix} 1 & 2 & 7 \\ \frac{1}{2} & 1 & 5 \\ \frac{1}{7} & \frac{1}{5} & 1 \end{bmatrix} &
\begin{bmatrix} 1 & 3 & \frac{1}{7} \\ \frac{1}{3} & 1 & \frac{1}{9} \\ 7 & 9 & 1 \end{bmatrix}
\end{matrix}
$$

计算得到相应的权重向量,连同 C_1 的权重向量列于表 9-21 中。

表 9-21　三个供应商在各因素中的权重向量

	价格	交货	外观设计	品牌
甲	0.591	0.105	0.587	0.149
乙	0.075	0.258	0.330	0.066
丙	0.334	0.637	0.083	0.758

以上判断矩阵均通过一致性检验。最后列出目标在 C_1、C_2、C_3、C_4 这四个因素方面的判断矩阵,并算出权重向量分别如下:

$$
\boldsymbol{A} = \begin{bmatrix} 1 & 3 & 5 & \frac{1}{3} \\ \frac{1}{3} & 1 & 3 & 5 \\ \frac{1}{5} & \frac{1}{3} & 1 & 7 \\ 3 & \frac{1}{5} & \frac{1}{7} & 1 \end{bmatrix} \qquad \boldsymbol{W} = \begin{bmatrix} 0.364 \\ 0.249 \\ 0.188 \\ 0.199 \end{bmatrix}
$$

第五步,综合计算并对方案排序,优选。

记 $S_甲$、$S_乙$、$S_丙$ 为三个供应商的总目标的得分,故有

$$
\begin{bmatrix} S_甲 \\ S_乙 \\ S_丙 \end{bmatrix} = \begin{bmatrix} 0.591 & 0.105 & 0.587 & 0.149 \\ 0.075 & 0.258 & 0.330 & 0.066 \\ 0.334 & 0.637 & 0.083 & 0.758 \end{bmatrix} \begin{bmatrix} 0.364 \\ 0.249 \\ 0.188 \\ 0.199 \end{bmatrix} = \begin{bmatrix} 0.385 \\ 0.168 \\ 0.447 \end{bmatrix}
$$

按排序结果,供应商丙是满意度最高的。

本章小结

(1) 决策包含自然状态(事件)、策略以及收益三要素;从不同的角度出发,可以对决策进行不同的分类,其中按照信息的完备程度可分为确定型决策、风险型决策以及不确定型决策。

(2) 不确定型决策是指决策者对可能出现自然状态(事件)的概率一无所知,这时决策者只能根据自己的经验进行决策,可以根据悲观主义决策准则、乐观主义决策准则、折中主义决策准则、等可能性决策准则以及最小机会损失决策准则来进行决策。

（3）风险决策是指决策者对客观环境下某一策略的事件发生的概率是已知的，这时可以根据最大收益期望准则与最小机会损失准则进行决策。

（4）贝叶斯决策是先根据过去的经验确定未来状态发生的先验概率，然后根据可靠性的统计资料，计算出各状态的后验概率，并以此为依据做后验决策。

（5）不同的决策者对待风险的态度有所不同，一般可以得到三种类型的效用函数曲线：保守型（避险型）、冒进型（进取型）和中间型（无关型），可以根据效用曲线进行决策。

（6）层次分析法是解决一些结构比较复杂、难以量化的多目标（多准则）决策问题的一种重要方法，它可以帮助对各因素进行权重确定和方案排序。

思考与练习

1. 某书店希望订购最新出版的图书来出售。根据以往经验，新书的销售量可能为 50、100、150 或者 200 本。假定每本书的订购价为 4 元，销售价为 6 元，剩书处理价为每本 2 元。要求：

（1）建立条件损益矩阵；

（2）分别依据悲观准则、折中准则以及等可能准则，决定该书店应订购新书的数量；

（3）建立机会损失矩阵，并依据 EOL 准则来决定购买数量。

2. 假设上题中书店统计过去销售新书数量的规律如表 9-22 所示：

表 9-22　新书的销售规律

销售量	50	100	150	200
占比/（%）	20	40	30	10

要求：

（1）分别用 EMV 和 EOL 准则决定订购数量；

（2）假如书店负责人能确切掌握新书销售量的情况，试求 EPPI 和 EVPI。

3. 一台机器如经校正工切实做到精细校正，生产出次品的概率为 0.01，如未达到精细校正要求，次品率为 0.05。若已知校正工能切实做到精细校正一台机器的概率为 0.9。现要判断一台机器是否已经被校正工做到了精细校正。要求：

（1）在该机器生产的产品中随机抽取一件，如为正品，判断此机器已经精细校正的概率。

（2）若随机抽取 2 件均为次品，重新判断此机器已被精细校正的概率。

4. 有三个大小、外观、颜色完全相同的盒子，不妨称其代号为 A、B、C。A 盒内有 7 个红球、3 个黄球，B 盒内有 5 个红球、5 个黄球，C 盒内有 2 个红球、8 个黄球。现任抽一盒，

（1）让你猜是属 A、B、C 中的哪一盒，猜中得 300 元，猜不中失去 165 元；

（2）可以从要猜的盒中随机摸取 1 个球看了颜色再猜，但条件是先付 60 元，不管是否猜中均不退，猜中得 300 元，猜不中再付 300 元。

问：这两种方案中你愿意选取哪一种方案，为什么？

5. 某公司经理的决策效用函数 $u(m)$ 的部分取值如表 9-23 所示，他需要决定是否为该公司的财产保火险。据大量统计资料，一年内可能发生火灾概率为 0.0015，问他是否愿意每年付 1000 元保 100000 元财产的潜在火灾损失。

表 9-23　某公司经理的效用函数的部分取值

$u(m)$	−800	−2	−1	0	250
m	−100000	−2000	−1000	0	100000

6. 计算下列判断矩阵中各要素的权重，并对判断矩阵进行一致性检验。

$$(a)\begin{bmatrix} 1 & \frac{1}{4} & \frac{1}{7} \\ 4 & 1 & \frac{1}{2} \\ 7 & 2 & 1 \end{bmatrix}; \quad (b)\begin{bmatrix} 1 & 5 & 2 & 4 \\ \frac{1}{5} & 1 & \frac{1}{2} & \frac{1}{2} \\ \frac{1}{2} & 2 & 1 & 2 \\ \frac{1}{4} & 2 & \frac{1}{2} & 1 \end{bmatrix}$$

7. 万通公司到人才市场招聘一名地区销售经理。根据业务需要拟考核应聘人的外语（F）、计算机（C）水平和从事营销的知识经验（M）。经两轮筛选，初步选定甲、乙、丙三名候选人。根据招聘目标，对 F、C、M 三个要素的两两比较的判断矩阵，以及三名候选人用三个要素衡量时的判断矩阵，分别如表 9-24 至表 9-27 所示。试用 AHP 方法帮助该公司确定一名比较理想的销售经理。

表 9-24　各要素的两两对比

要素	F	C	M
F	1	$\frac{1}{7}$	$\frac{1}{3}$
C	7	1	3
M	3	$\frac{1}{3}$	1

表 9-25　三名候选人外语（F）水平的对比

F	甲	乙	丙
甲	1	$\frac{1}{4}$	$\frac{1}{7}$
乙	4	1	$\frac{1}{2}$
丙	7	2	1

表 9-26　三门候选人计算机(C)水平对比

C	甲	乙	丙
甲	1	$\frac{1}{2}$	$\frac{1}{4}$
乙	2	1	$\frac{1}{2}$
丙	4	2	1

表 9-27　三名候选人营销知识(M)对比

M	甲	乙	丙
甲	1	$\frac{1}{2}$	$\frac{1}{3}$
乙	2	1	$\frac{1}{3}$
丙	3	3	1

案例分析

基于建设方案视角的电网工程投资决策评价指标体系研究

电网是我国重要的基础设施和公用设施,承载着巨大的社会责任。在纳入统计数据的大型电力企业中,2019 年电网工程建设投资完成 5012 亿元,2020 年完成 4699 亿元。电网工程投资数额大、建设周期长,因此将有限的资金进行合理安排,以提高投资的综合效益显得十分重要;电网公司制定年度、周期滚动规划和计划,有原则、有计划、科学合理地选择项目进行建设具有重要意义。

将变电工程从选址条件、建设条件、技术水平、环保要求四个准则进行归纳评价,确定了变电工程建设方案在投资决策中的评价指标。另外,线路工程不同于变电工程拥有固定的站址,线路工程往往途经多个地区,沿线的建设场地征用及清理条件对工程投资的影响较大。综合以上因素,以提高评价指标的全面性、可操作性为原则,本研究从选址(线)条件、建设条件、技术水平、环保要求四个准则识别输变电工程建设方案影响投资决策的关键要素,共识别确定了建设方案因素 29 项,将其分为 8 类,其中变电工程 4 类,线路工程 4 类。由于指标体系涉及的指标数目比较多、范围比较广,指标体系中各个指标对于评价目标的影响并不完全等同,因此就产生了各指标的赋权问题。赋权是体现各个指标相对重要性的一种常用手段,合理的赋权方法应是主观性与客观性的统一,既能体现项目决策者的决策经验,又能遵循客观的依据。根据电网工程建设方案评价指标体系中各指标的特点,并综合考虑各种常用指标赋权方法的适用性,选取层次分析法进行指标权重的确定。

某电网公司 4 个 110 kV 输变电新建工程,变电规模均为新建主变压器容量 2×50 MVA,110 kV 出线 2 回;线路长度分别为 39 km、31 km、21 km、32.5 km,导线型号 2×LGJ-300。其中,项目 A 位于山区,项目 B 邻近生态风景区,项目 C 邻近城市,项目 D 位于村镇。

在前期储备阶段,根据 4 个工程的基础资料进行指标测算,并进行标准化处理,结果如表 9-28 所示。基于评分值及权重测算结果,采用加权和方法计算得出项目 A 分值为 170.69、项目 B 分值为 135.42、项目 C 分值为 167.92、项目 D 分值为 152.84。由于项目 B 变电站站址有生态红线风险，不满足生态红线要求，使其总体得分最低，需对其站址进行重新规划，不能进入"投资决策阶段"；由于项目 D 线路路径协议未全部获取，需进一步细化，延缓其进入投资决策阶段。

表 9-28　方案建设评价指标体系权重值及案例评分

目标层		准则层			指标层			项目评分			
名称	权重	名称	第一阶段权重	第二阶段权重	名称	第一阶段权重	第二阶段权重	A	B	C	D
变电工程	w	选址条件	0.4652	0.2658	地质条件适宜性	0.0645	0.1943	70	80	90	80
					与负荷相对位置	0.0491	0.1975	70	70	90	80
					生态红线要求	0.3930	0.1131	100	0	100	100
					土地性质合法性	0.3930	0.1131	90	50	90	90
					集约化程度	0.0538	0.2102	70	80	90	90
					交通运输条件	0.0467	0.1718	60	70	90	80
		建设条件	0.0974	0.2152	自然条件约束	0.4413	0.3603	70	80	90	80
					建设规模	0.2363	0.2758	80	80	90	80
					符合建设规定	0.0736	0.0756	80	80	90	80
					站外条件	0.2488	0.2883	70	80	90	80
		技术水平	0.0974	0.1978	通用设计执行	0.2500	0.0667	80	80	90	90
					新技术应用	0.2500	0.3240	80	70	80	70
					智能化水平	0.2500	0.2723	80	80	80	80
					事故应急能力	0.2500	0.3369	70	80	80	80
		环保要求	0.3399	0.3212	噪声要求	0.2500	0.3333	90	80	70	80
					电磁要求	0.2500	0.3333	90	80	70	80
					水土保持要求	0.2500	0.3333	80	70	80	80
线路工程	$1-w$	选线条件	0.4423	0.2658	路径协议完成率	0.4767	0.1691	100	90	90	20
					地形适宜性	0.2788	0.4578	70	80	90	80
					建场青培条件	0.2446	0.3731	90	60	70	80
		建设条件	0.0981	0.2152	自然约束条件	0.4442	0.3582	70	80	90	80
					建设规模	0.2523	0.2822	80	80	90	80
					同塔多回比例	0.2263	0.2092	70	70	90	80
					机械化施工程度	0.0772	0.1504	70	80	90	80
		技术水平	0.0981	0.1978	通用技术执行	0.5000	0.3333	90	90	90	90
					新技术应用	0.5000	0.6667	80	70	80	70
		环保要求	0.3616	0.3212	噪声要求	0.2500	0.3333	90	80	70	80
					电磁要求	0.2500	0.3333	90	80	70	80
					水土保持要求	0.5000	0.3333	80	70	80	80

在投资决策阶段,对项目 A 及项目 C 求解加权和,得出项目 A 分值为 163.11,项目 C 分值为 168.34。由结果可知,由于权重设置偏好,虽然在前期储备阶段项目 A 分值最高,但是当权重向技术先进性、机械化程度、智能化程度、站外条件等建设方案优异性偏向时,项目 C 凸显出优越性,应优先考虑进行投资建设。

要求:

(1) 根据以上案例,试说明层次分析法运用场合;

(2) 分析:在该案例中为什么第一阶段与第二阶段权重相差很大?使用层次分析法时应注意哪些问题?

［1］ 胡运权,等.运筹学基础及应用［M］.6 版.北京:高等教育出版社,2014.

［2］ 《运筹学》教材编写组.运筹学［M］.3 版.北京:清华大学出版社,2005.

［3］ Hamdy A Taha.运筹学导论:初级篇［M］.8 版.北京:人民邮电出版社,2007.

［4］ 安德森,等.数据、模型与决策［M］.14 版.侯文华,杨静蕾,译.北京:机械工业出版社,2018.

［5］ 希利尔,科伯曼.运筹学导论［M］.8 版.胡运权,等,译.北京:清华大学出版社,2007.

References

[1] 《运筹学》教材编写组. 运筹学[M]. 3 版. 北京:清华大学出版社,2005.

[2] 吴祈宗. 运筹学[M]. 2 版. 北京:机械工业出版社,2006.

[3] 熊伟. 运筹学[M]. 北京:机械工业出版社,2005.

[4] 刘满凤,陶长琪,柳键,等. 运筹学教程[M]. 北京:清华大学出版社,2010.

[5] 张伯生,范君晖,田书格. 运筹学[M]. 北京:科学出版社,2008.

[6] 张莹. 运筹学基础[M]. 2 版. 北京:清华大学出版社,2010.

[7] 胡运权,等. 运筹学基础及应用[M]. 6 版. 北京:高等教育出版社,2014.

[8] 胡运权. 运筹学习题集[M]. 3 版. 北京:清华大学出版社,2002.

[9] 胡运权,郭耀煌. 运筹学教程[M]. 3 版. 北京:清华大学出版社,2007.

[10] 王周宏. 运筹学基础[M]. 北京:清华大学出版社,2011.

[11] 孟海龙,陈祖怡,李俊恒,等. 基于层次分析法的服装供应商的评价和选择[J]. 中国储运,2021(9):158-160.

[12] 高兰芳. 基于线性规划的工程投资分配模型及优化[J]. 四川轻化工大学学报(自然科学版),2020,33(1):74-81.

[13] 何渊. 固定收益产品投资最优化模型研究与实践——基于运筹学运输模型[J]. 金融经济,2015(2):95-99.

[14] 李贺,吴琪. C 超市库存管理优化研究[J]. 中小企业管理与科技,2021(10):25-27.

[15] 饶娆,叶子菀,王雁宇. 基于建设方案视角的电网工程投资决策评价指标体系研究[J]. 项目管理评论,2021(3):60-63.

教学支持说明

新商科一流本科专业群建设"十四五"规划教材系华中科技大学出版社重点教材。

为了改善教学效果,提高教材的使用效率,满足高校授课教师的教学需求,本套教材备有与纸质教材配套的教学课件(PPT 电子教案)和拓展资源(案例库、习题库视频等)。

为保证本教学课件及相关教学资料仅为教材使用者所得,我们将向使用本套教材的高校授课教师免费赠送教学课件或者相关教学资料,烦请授课教师通过电话、邮件或加入旅游专家俱乐部 QQ 群等方式与我们联系,获取"教学课件资源申请表"文档并认真准确填写后发给我们,我们的联系方式如下:

地址:湖北省武汉市东湖新技术开发区华工科技园华工园六路

邮编:430223

电话:027-81321911

传真:027-81321917

E-mail:lyzjjlb@163.com

旅游专家俱乐部 QQ 群号:306110199

旅游专家俱乐部 QQ 群二维码:

群名称:旅游专家俱乐部
群　号:306110199

http://www.hustp.com

教学课件资源申请表

填表时间：_____年___月___日

1. 以下内容请教师按实际情况写,★为必填项。
2. 学生根据个人情况如实填写,相关内容可以酌情调整提交。

★姓名		★性别	□男 □女	出生年月		★职务	
						★职称	□教授 □副教授 □讲师 □助教
★学校				★院/系			
★教研室				★专业			
★办公电话		家庭电话				★移动电话	
★E-mail （请填写清晰）						★QQ 号/微信号	
★联系地址						★邮编	

★现在主授课程情况		学生人数	教材所属出版社	教材满意度
课程一				□满意 □一般 □不满意
课程二				□满意 □一般 □不满意
课程三				□满意 □一般 □不满意
其 他				□满意 □一般 □不满意

教 材 出 版 信 息						
方向一		□准备写	□写作中	□已成稿	□已出版待修订	□有讲义
方向二		□准备写	□写作中	□已成稿	□已出版待修订	□有讲义
方向三		□准备写	□写作中	□已成稿	□已出版待修订	□有讲义

　　请教师认真填写表格下列内容,提供索取课件配套教材的相关信息,我社根据每位教师/学生填表信息的完整性、授课情况与索取课件的相关性,以及教材使用的情况赠送教材的配套课件及相关教学资源。

ISBN（书号）	书名	作者	索取课件简要说明	学生人数 （如选作教材）
			□教学 □参考	
			□教学 □参考	

★您对与课件配套的纸质教材的意见和建议,希望提供哪些配套教学资源：